林语堂
的人生哲学

林语堂经典语录

1. 我们对于人生可以抱着比较轻快随便的态度：我们不是这个尘世的永久房客，而是过路的旅客。

2. 人生真是一场梦，人类活像一个旅客，乘在船上，沿着永恒的时间之河驶去。在某一地方上船，在另一个地方上岸，好让其他河边等候上船的旅客。

3. 一般人不能领略这个尘世生活的乐趣，那是因为他们不深爱人生，把生活弄得平凡、刻板，而无聊。

4. 一个人彻悟的程度，恰等于他受痛苦的深度。

5. 享受悠闲生活当然比享受奢侈生活便宜得多。要享受悠闲的生活只要一种艺术家的性情，在一种全然悠闲的情绪中，去消遣一个闲暇无事的下午。

6. 我们必须调整我们的生活形态，使黄金时代藏在未来的老年里，而不藏在过去的青春和天真的时期里。

7. 人生是残酷的，一个有着热烈的、慷慨的、天性多情的人，也许容易受他的比较聪明的同伴之愚。那些天性慷慨的人，常常因慷慨而错了主意，常常因对付仇敌过于宽大，或对于朋友过于信任。

8. 没有幽默滋润的国民，其文化必日趋虚伪，生活必日趋欺诈，思想必日趋迂腐，文学必日趋干枯，而人的心灵必日趋顽固。

9. 人生世上如岁月之有四时，必须要经过这纯熟时期……须知秋天的景色更华丽，更惊奇，而秋天的快乐有万倍的雄壮、惊奇、华丽。

10. 读书不可以强读，强读必无效，反而有害，这是读书之第一义。

李世化◎著

林语堂的人生哲学

图书在版编目（CIP）数据

林语堂的人生哲学/李世化著. --北京：企业管理出版社，2014.7

ISBN 978-7-5164-0840-7

Ⅰ.①林… Ⅱ.①李… Ⅲ.①林语堂(1895~1976)-人生哲学-通俗读物 Ⅳ.①B821-49

中国版本图书馆 CIP 数据核字(2014)第 110052 号

书　　名:林语堂的人生哲学
作　　者:李世化
责任编辑:杨苏敏
书　　号:ISBN 978-7-5164-0840-7
出版发行:企业管理出版社
地　　址:北京市海淀区紫竹院南路 17 号　　邮编:100048
网　　址:http://www.emph.cn
电　　话:总编室 68701719　　发行部 68467871　　编辑部 68701408
电子信箱:80147@sina.com　　zbs@emph.cn
印　　刷:天津冠豪恒胜业印刷有限公司
经　　销:新华书店
规　　格:170×240 毫米　　16 开本　　14.5 印张　　180 千字
版　　次:2014 年 7 月第 1 版　　2019 年 3 月第 2 次印刷
定　　价:45.00 元

前言

林语堂之于我们，是一种浓重的情结，就像村上春树之于日本，米兰·昆德拉之于捷克，卡夫卡之于奥地利。他们既是本国的，又是世界的。那一抹微笑或是自得，或是青涩，或是疼痛，或是幽默，都已随着文字的变迁深深地植入人们心中，不择水土地生根、发芽、长成。

所以我们完全有资格得意和骄傲，因为我们有一个被公认为超脱又快乐地享受世俗乐趣的林语堂。

林语堂先生的过人之处，就是他一直对人文精神的高度关切，并且由此总结出了许多动人的生活经验和生存智慧。他的“半半哲学”秉承的是这样的信仰：工作，并且快乐；劳动，并且幸福着。人生也有缺憾，如果能从中超脱，做个平常而又受人欢迎和尊重的人，也是人的一大成就。倡导中庸的生存，肯定刚柔并济的处世，奉行豁达随性的生活，活得天真、简朴、自然、中道、幽默，这在纷乱繁杂、生活快节奏的环境下，无疑是往寂寂的水潭中投进了一粒粒圆润美丽的鹅卵石，激荡起迷人的涟漪，流水不腐，户枢不蠹。

当人们在欲望的追求中逐渐丢失自我，变得贫乏又可怕的时候，如果找个娴静的午后，坐在舒服的椅子上，带着几分挑剔的目光读一读林语堂人生哲学，恐怕会幡然悔悟，遗恨于自己曾经浪费掉的光阴，而重拾年少时的天真与幻想了。

果能如此，你的心灵就还没有被暗黑的俗欲吞食，一切还是皆有可能的。清朝的李密庵写过一首《半半歌》，有云：

“看破浮生过半，半字受用无边。
半中岁月尽幽闲，半里乾坤宽展。
半郭半乡村舍，半山半水田园。
半耕半读半经尘，半士半民姻眷。
半雅半粗器具，半华半实庭轩；
衾裳半素半轻鲜，肴馔半丰半俭。
童仆半能半拙，妻儿半朴半贤。
心情半佛半神仙，姓字半藏半显。
一半还之天地，让将一半人间。
半思后代与沧田，半想阎罗怎见。
饮酒半酣正好，花开半吐偏妍。
帆张半扇免翻颠，马放半缰稳便。
半少却饶滋味，半多反厌纠缠。
百年苦乐半相参，会占便宜只半。”

如果我们学会这种人生哲学，就能呼唤出一个强大、成熟，又有魄力、有修为的内心世界，达到一种风不动我不动、风若动我先动的圆熟境界。这才叫做本色的人生。

工作和闲适，恰如鱼和熊掌，可以兼得了。

目录
PREFACE

第一章　半江瑟瑟:品读林语堂的中庸之道

简朴是人生的要义　/3

做个好人就自在　/6

中庸透出的人情味　/9

守拙也是真聪明　/12

圆熟的学问　/15

糊涂一半即成熟　/18

酒饮半酣正好　/21

隐忍的价值　/25

取道中庸,你也可以成为哲人　/28

第二章　半里乾坤:品读林语堂的幸福心灵

生的对面很平静　/33

快乐源于天性　/38

饮食的智慧外衣　/42

随时与尽情　/ 46
读书如同阅友　/ 49
爱自己的天堂　/ 52
让回忆结束　/ 55

第三章　珠联璧合:品读林语堂的灵魂天堂

与良物为友,成高人　/ 61
做自己的舵手　/ 66
坚守自己的志趣　/ 70
为别人的幸福努力就是你的天堂　/ 74
放飞心灵　/ 77

第四章　刚柔并济:品读林语堂的处世姿态

忍耐失败能换得另一个乾坤　/ 83
热爱我们的工作　/ 86
知人与自知　/ 90
像水一样柔和,但不要是污水　/ 95
给自己一个柔性天下　/ 99
不与俗人为伍,不与假道者为伍　/ 102
你有嘴巴,却不一定会说话　/ 105
梦,还是非梦　/ 108
像大河流淌的速度　/ 111

第五章　弱水三千:品读林语堂的爱恋人生

柳色人间　/ 117
享受家庭之乐　/ 121
爱情需要修炼　/ 125

唯德让人美不胜收　／128
不太精明的爱很芳香　／131

第六章　一蓑烟雨:品读林语堂的豁达生活

烦恼仅在取舍间　／137
凡事亦雅,但不必刻板　／140
争的脸面还是命　／143
现在即天堂　／146
快意人生的炫目法则　／149
纯真的妙处　／152
小楼观山水　／156
在游戏中工作　／160
岁月在雕琢　／162

第七章　儒道学生:品读林语堂的精神家园

人生这张山水画　／169
若此历练　／172
爱别人就像爱自己一样　／175
知足是镶在心上的水晶　／178
学会忘记　／181
何必要完美　／184
做神其实很容易　／187
让我们亦儒亦道地生存　／190

第八章　曲径通幽:品读林语堂的智慧天空

改变自我　／195
会心的微笑最聪明　／199

造就一种新鲜　　/ 203
幽默的奖赏　　/ 208
幽默着并伟大着　　/ 212
自嘲的趣处　　/ 216
给生活来匙蜜糖　　/ 218
幽默中的智慧种种　　/ 221

第一章

半江瑟瑟：品读林语堂的中庸之道

以与众不同的姿态永远停留在人们仰视的目光中的林语堂，教给世人用“半半哲学”泰然潇洒地直面人生。他讲述的“半半”，是大道之行的中庸，却又彰显着自己的个性。因为他告诉我们的，不是处心积虑地算计世事，而是让我们要用最放松的心态享受最趣味的生活，用最纯净的心灵接近最快乐的本性，触摸云与海的彼端。

简朴是人生的要义

> 中国文化最健全最优美之处，乃是“淳朴”二字，教人认得简朴生活之美。
>
> ——林语堂《生活的艺术》

神话中的仙子是从来不食人间烟火的。倘若一旦犯了戒，马上就会觉得身体像灌了铅块，再也飞不到天上去了。仙子之所以能成仙，虽然说首先得有仙根慧体，但在他修炼的过程中最基本的是什么？无过于四个字：清心寡欲。因为寡欲，所以省却多少俗世纷扰，才能神清气爽，珍爱自己所处的自然环境；因为清心，所以见风是风，见雨是雨，而不会弄出将风听成是鬼吟哦，将雨当成是离人之泪种种。然后就会生活得很痛快，少烦恼，自然就长寿，自然就得道成仙了。

天地之间的事物都保持自己的本然形态，曲的不需用钩，直的不需用笔墨描直，圆的不需用圆规，方的不需用角尺，黏合在一起的不需用胶漆，捆缚在一起的不必用绳索，它们自自然然生成这个样子。天地从来不加干预而让万物任其自然。

要实现自然的美就必须无为，一有人工雕琢的痕迹就破坏了自然。

应该不经磨砺而志向高尚，不讲仁义而有修养，不求功名而能治国，不处江海而心境清闲，不事养生而能高寿，自然无所不忘，可又无所不有，这样，无为至极而又众美荟萃。

美是在一种毫无目的毫无意识中实现的。天地之中的月白风清、春华秋实，或曲或直、或方或圆，并没有谁去为它苦心追求和精心修饰而成为这个样子，一切都是在无心无为中自然达到的。

一个内心自由、舒展之人必然是生活俭朴之人。他去掉了生活中那些不必要的奢华排场、时髦感觉，而热爱平实单纯的格调和方式。

生活的简朴必然是精神、思想简朴的外化，它使一个人完全褪尽浮华，尽露本色。

思想的简朴是指思维冲破了迷雾、排除了纷扰而达到明朗清纯时的状态。

林语堂有一段话说得极为中肯："说起来有点矛盾，简朴就是思想深刻的标志和象征。在我看来，在研究学问和写作上，简朴是最难实现的东西。欲求思想明澈已经是一桩困难的事情，然而简朴更需从明澈中产生出来。当一个作家在役使一个观念时，我们可以说那观念也在役使他。这里有一桩普遍的事实可以证明：一个刚从大学里以优异成绩出来的大学助教，他的讲辞是深奥繁杂、极其难于理解的，只有资格较老的教授们才能把他的思想用最简明易解的字句表达出来。"

林语堂强调："生活及思想的简朴性是文明与文化的最崇高最健全的理想，当一种文明失掉了它的简朴性，人们深染习俗、熟悉世故而不再回到天真淳朴的境地时，文化就会到处充满困扰，日益退化下去。"他的一生最为得意的事情就是在这个污浊社会中非常明智地保护了自己自然的天性。

平淡像醇酒一样，表面上看起来朴素平淡，不修饰，不华丽，不以鲜艳浓丽吸引人，但含蕴却深厚丰富，相处久了，越看越有味。

当然，平淡不能淡而无味，否则，平淡就会滑向平庸。外表的平淡必须与内在的深厚结合在一起，这就能使一个人于朴素中见光华，在平淡处显清秀。

这些大致就是简朴的真实境界，只要有与自然相契的精神，你就可以变成尘世的精灵。

做个好人就自在

文字不好无妨，人不可不做好。

——林语堂《论做好一个人》

在古人的梦想里，是大丈夫就要有如下的抱负，即“修身、齐家、治国、平天下”。其中，不管你愿不愿意，都要把修炼自身品行放在首位。否则即使你有不世之才，也会令世人所不齿。那种鄙视的力量有时能把你从高官厚禄上扯下来，有时能阻止你成就事业，甚至还送你上断头台——这可丢掉本钱了。

林语堂说的“做好一个人”是说做一个有起码的道德操守的人。林语堂不反对人成为完美无瑕的圣人，但那种人毕竟不可多得，所以他更欣赏一般的好人和有缺点的人。他将未来的希望寄托在这样的人身上：“人人都把眼前手下的事做好，有识见，有操守，这个国家就好办了。”

林语堂始终主张人生在世首先不是学做事，不是建功立业，而是学做人，按照人所以为人的那些古学做一个好人。

要想修得好品德，首先要牢记一个原则，就是对人要厚道。这是非常重要的一个理念。什么叫厚道？不负于人，不欺于人，就叫厚道。

没错，深刻的道理往往掩藏在最朴实的语言中。做人要厚道，无论讲给谁听都像是一句略显多余却又无可厚非的、乡巴佬味十足的俗话。认同归认同，然而在现实生活中，又有多少人敢面无惧色地承担起“厚道”与生俱来的良知和沉甸甸的社会责任呢？

其实，厚道不外乎“忠厚之道”，它包含了诚实、善良、豁达、感恩、直率、助人为乐、爱憎分明等品质，浓缩了几千年来人类的精神美。而对天性追求真、善、美的人类来讲，没有谁愿意拒绝厚道。

“做人要厚道”其内涵和外延无限延伸，语境放之四海而皆准。从老子而来，提倡“做人要厚道”应是中华民族的传统美德。这个传统美德，在大讲精神文明和物质文明的今天，不但需要发扬光大，而且应该成为人人具有的一种涵养。

厚道为人之所以今天还需要，是因为现实生活中还存在着许多有失厚道的地方，极大地妨碍着人际关系的和谐，影响着同志间的团结。例如，那种得理不让人，无理搅三分，动辄小题大做，来一个针尖对麦芒；那种论人单论短，不首先看人家长处，见人家有什么毛病则抓住不放；那种计恩怨翻小账，谁有意无意对自己有所得罪，便十年八年耿耿于怀；还有些年轻人，自认为读过几年大学，眼里容不得意见不同的人，横竖看不惯，常有指责挖苦之言，等等。对人对事多有刻薄之意，少有宽厚之心。这类事情往往弄得亲友红脸，同事反目，让旁观者也都痛心。

厚道对于人，可以说是立身之本。古语云：“君子不可苛察。”诗人萨迪也说过：“无论你是一个男子，还是一个女子，待人温和宽大才配得上人的名称。”可见，在为人要厚道这一点上，古今所见略同，没有教人要刻薄的。

人和动物的一个根本区别就在于人的社会性，不论何时何地，人要在社会上立足、生存、发展，都要结成群体和衷共济。谁都不可能独来独往。从这个意义上广而言之，不厚道无异自绝于人群；而厚道，则既厚于人，同时也厚于己。用林语堂的话来说，就是人与兽类的最本质区别。

厚道得人心，人们常常称许那些善于从大处着眼不计前嫌的人“有政治家的风度”，这种风度不应当仅属于政治家，我们都要这样为人处世。厚道意味着谅解、体贴、信任、爱护。“人察无徒”，厚道待人，往往赢得友情和尊重。

选择做一个好人，你能得到的是那些以前连想都想不到的东西，也就是碰上我们通俗地称之为“傻人有傻福”的事。何乐而不为？

中庸透出的人情味

中国人对于人类所抱的一般态度，可归纳为，让我们做合理近情的人。

——林语堂《生活的艺术》

中国的“大道”，即是几千年来一直孜孜不倦地教导着人们的孔孟哲学，而要成为一位博学大师，光有满腹经纶是远远不够的，处世之道才是最主要的。因为，无有此不足以扬名，无有此不足以立世，无有此更难以治学。

林语堂曾说，“一个有教养的人就是一个洞悉人心和天理的人”。而“人心”和“天理”恰恰就是中庸糅杂的两个方面，是“近人情”、“近天情”，既要与人民大众连成一片，又要与皇亲国戚礼尚往来；既要“入仕”，又要“出世”；既要学得会“小隐隐于市”，更要做得来“大隐隐于朝”，这样才可称得上是一个合理的人在过比较理性的生活了。

“近情精神使我们的思想人性化，并且使我们不坚信自己总是对的。它的影响是在于刨去我们行为的棱角，并使它调和起来。和近情精神相反的，就是思想和行为中，我们的个人生活中，国家生活中，婚姻、宗教，与政治中的一切方式的狂热和武断。我以为，在中国狂热和武断是较少的。中国的暴众虽也易于鼓动（例如庚子年的拳匪），但近情的精神确在某种程度上使我们的皇帝专制，我们的宗教和所谓‘欺压女性’受到人性化。近情精神在这些当中当然都是有限制的，不过它确是存在着的。中国的皇帝并不是像日本天皇那么半神道的，而中国的史家并已演绎出一个皇帝受命于天，但他如失德便将丧失天命的假说。他如失德，我们可以杀他的头，在历代的兴衰中，被人砍去脑袋的皇帝已不知道有多少个，这就破除了我们的皇帝乃是神圣的或半神圣的念头。我们的圣人也没有被人尊奉为神道，而不过始终认他们为聪明的教师。凡是出乎情理之外的事情，我们一概称之为‘不近人情’，太过于矫情的人就是大奸，因为他在心理上是反常的。在政治的区域内，某些欧洲国家人们心中的逻辑和他们的行事实在异常地不近人情。”

林语堂的这段话不知你是否认同。但不管你的态度如何，在中国没有绝对的圣人是真实的。秦桧与和珅也是“纵有千日的不是，也有一日的好”。秦桧大抵与宋高宗的关系很铁，很够哥们儿义气，和珅爱子之心又感动世间多少父母呢！这就是中庸，这就是把一个人的思想剖成两部分来看。没有什么是极端和绝对的，所以我们不能没有人情味儿，不能把任何主观意念里是善或者恶的都划得泾渭分明，否则就会古板，会失去对事物的灵敏性。

可见，在中庸的指导之下的人情方圆之道是无比可贵的。由于它的存在，我们才可以不偏执，不极端，懂得待人要理智、接物要全面的道理。我们也才能够平心静气、有容乃大地过生活，能屈能伸，才能够做“中”国之人，方方正正、端端庄庄地安享几世同堂或是普天同庆的乐趣吧。

林语堂说过，“我像所有的中国人一样，相信中庸之道。”他反对思想和行动上的任何偏激、极端，讲求合理和有节。就像他对体育运动历来缺少好感，尤其反对那些消耗相当巨大或是对身体会造成许多危害的训练。

他说，“可是当一个人打破一个百米短跑纪录时，那是确定的——当然也有例外——他不会做得好什么事了。”中庸和人情的思想影响着林语堂对《红楼梦》人物的喜好。他并不看好灵气逼人的黛玉，也并没有为绝对沉稳的宝钗说一句好话，而是独爱小说中并不占主角地位的探春，因为她具有黛玉和宝钗二人品性糅合之美质。

林语堂非常称羡古代高人所倡导的“中庸生活”。那是指“介于两个极端之间的那一种有条不紊的生活”，即在一切事情上讲究适度和谐，求得天性的完整和心灵的快乐。这造就了一种人，他“在动作与静止之间找到了一种完全的均衡”。林语堂开怀地说：“这种人物的典型应是一半有名，一半无名；懒惰中带用功，在用功中偷懒；穷不至于穷到付不出房租，富也不至于富到可以完全不做工，或者可以称心如意地资助朋友；钢琴也会弹弹，可是不十分高明，只可弹给知己的朋友听听，而最大的用处还是自己消遣；古玩也收藏一点，可是只够摆满屋里的壁炉架；古书也会读读，可是不很用功；学识颇博，可是不成为任何专家；文章也写写，可是寄给泰晤士报的稿件的一半被录用一半被退回……”他接着下了个结论：“总之，我相信这种中等阶级的生活，是中国人所发现的最健全的理想生活。”因为它既不会让你过分得意扬扬，觉得自己高高在上而改变了对普通人的友善态度，又不至于令人灰心丧气，失望绝望。中国人的中庸，果然是最关注人的精神，是最具人情味儿的，最合乎天、地、人和谐的方式。

守拙也是真聪明

盖中国人之聪明达到极顶处，转而见出聪明之害，乃退而守愚藏拙以全其身。

——林语堂《中国人之聪明》

盖天下之深悔者，大约都是应了“聪明反被聪明误”的教训。如古之周瑜“赔了夫人又折兵”，如古之杨修忖度上司之意被割了脑袋，都让人叹之，息之。但是，若古人真是那样儿，也不见得能有几人为他怆然泣下，因为他们纯属活该，咎由自取。

林语堂在《中国人之聪明》一书中引用了陈眉公的一句话：“唯有知足人，鼾鼾睡到晓；唯有偷闲人，憨憨直到老。”这里的“憨憨”，真是让人羡慕至极，那岂不是愚者之福吗？可见从古至今有智慧的人大都认同“守拙”即是“纳福”的真道理。

在《红楼梦》中，有这么几句话说薛宝钗：“唇不点而红，眉不画而翠，脸若银盆，眼如水杏。罕言寡语，人谓；安分随时，自云藏愚守拙。

前几句是说她面相极好，大方、老实、美貌。后几句说她处世娴静、端庄，所以贾府上上下下都喜欢她。”不过，她的守拙可不是娘胎里带出来的，而是修炼得成。她待人接物极有讲究，且善于从小事做起：元春省亲与众人共叙同乐之时，制一灯谜，令宝玉及众裙钗粉黛们去猜。黛玉、湘云一干人等一猜就中，眉宇之间甚为不屑，而宝钗对这些“并无甚新奇”，“一见就猜着”的谜语，却“口中少不得称赞，只说难猜，故意寻思”。有专家一语破“的”：此谓之“装愚守拙”，因其颇合贾府当权者“女子无才便是德”之训，实为“好风凭借力，送我上青云”之高招。读之而想，不由拍案：绝了！

看似精明的人成功起来的确会难一些，因为你还未开口，别人已经把你当成了假想敌，和防备着你的人合作总会有点难。或者周围的人觉得你有不错的资质，对你的期望过高也是一种阻力，因此你让他们失望的概率会更高。

如此看来，人还是傻一点儿好，不够傻的话，就装装傻吧。

装傻，看似愚笨，实则聪明。人立身处事，不矜功自夸，可以很好地保护自己。即所谓“藏巧守拙，用晦如明”。

人人都想表现聪明，装傻似乎是很难的。这需要有傻的胸怀风度，既能够傻，又愚得起。《菜根谭》说：“鹰立如睡，虎行似病。”也就是说老鹰站在那里像睡着了，老虎走路时像有病的模样，这就是他们准备猎物吃人前的手段，所以一个真正具有才德的人要做到不炫耀，不显才华，这样才能很好地保护自己。

古时有“扮猪吃虎”的计谋，以此计施于强劲的敌手，在其面前尽量把自己的锋芒收敛，“若愚”到像猪一样，表面上百依百顺，装出一副为奴为婢的卑躬，使对方不起疑心，一旦时机成熟，即一举把对手打败了。这就是“扮猪吃虎”的妙用。

不过，装傻实在是一门高超的大智若愚术。它需要出色的表演才能拿出来表演的，是为了愚人耳目，真功夫却不可告人。或者装疯，或者装哑，或者装傻，或者装不知道。宗旨只有一个，那就是掩藏真实目的；要求也只有一个，即逼真，使旁观者深信不疑。

既是演戏，除了演技之外，顶要紧的是自信。自信自己会成功，自信自己确能愚人耳目，自信自己演技胜人一筹。这样，演起戏来才会面不改色心不跳，沉着冷静，应付自如，仿佛完全进入角色。

孔子年轻的时候，曾经受教于老子。当时老子曾对他讲：“良贾深藏若虚，君子盛德容貌若愚。”即善于做生意的商人，总是隐藏其宝货，不令人轻易见之；而君子之人，品德高尚，而容貌却显得愚笨。其深意是告诫人们，过分炫耀自己的能力，将欲望或精力不加节制地滥用，是毫无益处的。

中国旧时的店铺里，在店面是不陈列贵重货物的，店主总是把它们收藏起来。只有遇到有钱又识货的人，才告诉他们好东西在里面。倘若随便将上等商品摆放在明面上，岂有贼不惦记之理？不仅是商品，人的才能也是如此。俗话说“满招损，谦受益”，才华出众而又喜欢自我炫耀的人，必然会招致别人的反感，吃大亏而不自知。所以，无论才能有多高，都要善于隐匿，即表面上看似没有，实则满腹经纶。

林语堂先生既然夸奖了中国人的聪明，我们就应该发扬下去。聪明不露，才会产生任重道远的力量。人们不管本身是机巧奸猾还是忠直厚道，几乎都喜欢傻呵呵不会弄巧的人，这并不以人的性情为转移，所以，要达到自己的目标，要学会装傻、懂得藏巧，不为人所识破，也就是大智若愚。

即使你有真学问，真聪明，但也得时时刻刻控制自己，装糊涂，才能获得大成功。倘若你实在不愿辜负自己的才情，也不要一时冲动惹来杀身之祸，只要露出一半，便可得人关照，便可为生活增光添彩了。

圆熟的学问

中国文中的“德性”一语，使吾人浮现出一个性情温和而圆熟的人物的印象，他处于任何环境，能保持一颗镇定的心，清楚地了解自己，亦清楚地了解别人。

——林语堂《中国人之德性》

在我们眼中，“圆熟”这个词代表的是一种极高明的处世手腕。“圆”，即是“圆通”，“熟”则是娴熟。当然，它与“圆滑”一词是意思及感觉都截然不同的两个概念。

比方说，曾国藩之待人处事，为将为臣都做得让人挑不出什么毛病来。虽然是镇压农民起义的第一大恶人，却获得了“中兴之臣”的至高荣誉，并且还是为后人所钦佩和津津乐道的，这就是他善于“圆熟”之道的缘故。可是同样有着才干的袁世凯却收拾不好或者是收拾不了身边这堆“烂摊子、破事儿”，结果不但让人们以“滑”字冠之，还稀里糊涂地送掉了性命，贻笑世人。

再比如说，杨过之智慧，人谓之“圆熟”，杨康之狡黠，人称其“圆滑”，又是在于一个使了好心，一人满肚子坏水之故。

可见，人要做到“圆”且“熟”并不容易，是要掌握好火候的。

林语堂言：“所谓圆熟，是一种特殊环境的产物。实际任何民族特性都有共通性，其性质可视其周围的社会、政治状况而不同，盖此共通性即为各个民族所特有的社会政治园地所培育而发荣者也。故‘圆熟’之不期而然出产于中国之环境，一如各种不同品种的梨出产于其特殊适宜的土地。”“中国的大学生比之同年龄的美国青年来得成熟老苍，因为初进美国大学一年级的中国青年，已不甚高兴玩足球，驾汽车了。他老早另有了别种成年人的嗜好和兴趣，大多数且已结过了婚，他们有了爱妻和家庭牵挂着他们的心，还有父母劳他们怀念，或许还要帮助几个堂兄弟求学。负担，使得人庄重严肃，而民族文化的传统观念亦足使他们的思想趋于稳健，早于生理上自然发展的过程。”

在世人眼中，“少年老成”便算得上不错的品质了。

然而，你可要知道，由“熟”转“滑”可在于一念之间。那么，你是英雄还是奸雄，是万人瞩目的真君子还是众口唾骂的恶小人，就看这跷跷板的哪一侧分量加重了。

那么，圆熟是什么呢？人们说，圆熟既是一种姿态，也是一种风度；既是一种修养，也是一种品格；既是一种智慧，也是一种谋略。懂得运用圆熟心法去处世，不仅可以在纷繁的社会中很好地保护自己，很好地与人们和谐相处，不蹿高，不树敌，也可以让人暗蓄力量、悄然潜行，在不显不露中成就事业；不仅可以让人在卑微时安贫乐道，豁达大度，也可以让人在显赫时持盈若亏，不骄不狂。

说到底，用圆的方式处世就是用最理智的心态去面对世间的一切。若能修炼到此种境界，为人便能善始善终；处世便能宠辱不惊。观人生百态，似看庭前花开花落；看世间冷暖，如望天上云卷云舒。真正实现贫贱不能移，富贵不能淫，威武不能屈的人生追求。

圆熟处世，可以帮助人们获得一片广阔的天地，成就一份完美的事业，更重要的是，能赢得一个蕴涵厚重、丰富充沛的人生。

学习圆熟的技术，是需要眼到、口到、手到、心到的。就是懂得审时度势，见佛说真话，有容人之海量，隐峰藏机等，皆是处世的大文章也。

愚人俗中愈恶，智人俗中愈雅。小家子做事既俗又滑，大家子行为则端且熟，让人爱瞅爱看爱模仿。因此，让自己圆熟老辣起来的最好办法不是别的，而是提高你自己的内涵。

糊涂一半即成熟

一个人彻悟的程度，恰等于他所受痛苦的深度。

——林语堂《吾国吾民》

林妹妹，至纯至美，至真至灵，至情至性，至明至悟，却凄凄艾艾终了青春，这是逃脱不了的命运，因为她“至”过通灵。

不周山，有着撑天而立的丰功伟业，有着无人望其项背的绝对海拔，却依旧沉默而痛苦。这也是挣脱不了的命运，因为它“至”高无及，所有高度都不去与它比较而将它忽视。

还有李太白，诗情灵性，感天动地，人生却落魄失意；

还有东方不败，武功内力登峰造极，人生却苦闷凋零；

还有李叔同，品学才貌蜚名四海，人生却漂泊无寄。

所以多少年后，睿智聪明的林语堂先生告诉我们这一点，让我们在“彻悟”时需要做好接受痛苦的心理准备。人生，果真是聪明一半，糊涂一半最好。

只要是正常人就能理解，人类生活中充满了矛盾的道理，这世上一切都是相对的，没有任何绝对的事情。稍不留神，人们就会从一个方面走到另一个方面了。比如说，城市生活与乡间生活看起来是一对矛盾，乡间的人往往羡慕城市的生活，而城市的人却又憧憬着乡间的乐趣。其根本的原因，就在于人们都想尝试一下不属于自己的生活，这是一种否定自我而追求完美的精神。

其实，到山乡去居住的本意是要远离尘杂喧嚣的生活，而得到宁静的体验，并且从自然的风景中领略到超越和升华，与宇宙的神秘融为一体。但是，如果对山野林麓生起了执著的热情，整天魂牵梦萦，片刻也不能离开，岂不是有违本来的意愿吗？山野本来很宁静自然，但如果我们由于喜爱它而在其中大兴土木，岂不是又把它变成了市朝吗？原来的野味天韵尽失，再加上游人熙熙攘攘，照样喧嚣不宁，得不到本来所期望的那种体验了。

在现实生活中，也许不是人人都有乐山乐水的闲情逸致，但十之有九都会跌入功利的圈套，经营自己的荣华富贵。《红楼梦》中就有一位对此悟得最透彻的金钗，那就是王熙凤。只不过，这位美女算尽的是名利的机关要诀，看透的是荣华的世态厚薄，于是她锋利，她尖刻，她凡事与别人两样儿，于是她看得仔细，便下手准且稳，便不顾一切地将自己推向极端。她与黛玉，一至俗，一至雅，但同是玲珑剔透人儿，同是水晶玻璃心儿，一同踏入的都是无休无止的痛苦。

就是这样一个“巾帼英雄”，想尽各种办法，用种种计谋，想使贾府振兴起来，或者至少维持着大家族的局面，同时也积攒些家私。然而她的努力，她的鞠躬尽瘁，却招来贾府上下人的一片不满，最终也没有使贾家有什么起色，贾母这位庇护者升仙后就马上“一令二从三人木”，被愚笨的丈夫休回了家。

凤姐比一般人更多地体验了痛苦的折磨，且不说她因背后遭骂挨咒而劳心竭力，绞尽脑汁，就是死时的凄凉和死后的寂寞也使她备尝苦楚。倒是李纨并不轰轰烈烈，并不劳心竭力，却落得干净自在，人缘好，中年时儿子功成名就。的确，王熙凤太过聪明，而且也只知自己聪明，却不知道厚道待人，只知损人利己，不知深藏于密。甚至连自己的丈夫也数落她，背叛她，她实在是活得好苦，而这一切的根源，就在于她的聪明外露。

通透是人的一种智慧，至少说明你有着过人的智商，但聪明也会让人变了心性，进而糊涂和痛苦。这就是聪明反被聪明误的道理。对聪明人来说，是这样。如果你本不聪明，而故作聪明状，那就更令人可笑了。因为你会由此而玩弄了你自己，这样反而唐突了上天所恩赐给你的愚笨了。

古人说："声色未必障道，聪明乃障道的屏藩。"意思是说，声色可能迷惑不了意志坚强者，但是，人的偏见、陋习却是很难自觉。聪明的危害大于声色犬马的诱惑啊！事实上，在我们身边，真正聪明的人会使用自己的聪明，深藏不露，或者不到刀刃上、不到火候时不轻易使用。事物是复杂的，不顾客观实际，一味循着自己的思路去考虑问题，卖弄点小聪明，是愚人的行为，是引发那绑在自己身上的痛苦炸弹的根源。如果你有了洞彻一切的双眼，再能有颗热爱世俗的心，那该有多好！

林语堂的人生，就恰"半"到了好处，他一边做学问，一边过生活；一边高雅文儒令人仰慕，一边浅游低唱让人好笑。他日子过得怡然自得，正是能悟而不悟的作用。这是聪明的最高境界了，而从他身上提炼出来的精妙之处，即在此。

正如他在《秋天的况味》里所说"秋是代表成熟的，对于春天之明媚娇艳，夏日的茂密浓深，都是过来人，不足为奇了，所以其色淡，叶多黄，有古苍龙之概，不单以葱翠争荣了。这是我所谓秋天的意味"。在他看来，既无争夺，亦无清高，雅到只懂得奉献，不计较个人感受的时候，便是成熟了。

人生在这个世上，即便智商高达180，也不要太过聪明。留一半清醒留一半醉，日子就轻轻松松地过去了。倘若太注重自我，思虑太多，就显得过于可怕。幸福失去了倚靠之处，它当然会离你而去了！

酒饮半酣正好

半醉的人似乎是很自得的，相信自己有力量可以克服一切的阻碍，同时又有一种更灵敏的感觉；在这个时候，人类介于事实和幻想间的思想创造力，便比平时更高了，人类似乎有一种自信和解放的力量，便是创造工作所需要的要素。

——林语堂《谈饮酒与酒令》

人之初，性本善。人心里原本有的是善良和美好，可是随着年岁的增长，各种各样尘世的欲求狂奔了进来。那看似水涨船高的欲望，和它所带来的一切用于享受的东西，恰似海平面上异军凸起的悬崖，看似高大雄伟，实际上陡峭得很，也险峻得很。

《中庸·素位章》上说：君子安心于现在的地位，做本分的事，不存分外之想。向来身处富贵的地位，就行富贵的道理；向来身处贫贱的地位，就行贫贱的道理；向来身处夷狄的地位，就行夷狄的道理；向来身处患难的地位，就行患难的道理。君子没有一处不悠然自得、自乐而安于其位的。

孔子曾经问礼于老子的也有这么一句话：祸患没有比不知满足更大的了，灾难没有比贪心欲得再大的了。可见欲望与满足之间，总是此消彼长，这也就像饮酒，若是酩酊大醉，不省人事，倒不如留下三分清醒看素月，赏落花的好。

欲求之于现实，又有谁能把握得住呢?

八仙之一的吕洞宾成了仙之后，总想找一个弟子传授仙术，他决定在世间选一个不贪心的人，把一身的功夫传承下去。

吕洞宾变成一个卖馒头的老人，在摊上贴了一张布告：馒头一文钱吃一个，两文钱吃到饱。

许多人纷纷来他的摊位买馒头，但是所有的人都是两文钱吃到饱，没人愿意一文钱只吃一个。

眼看将近黄昏，突然有一个年轻人跑来，居然付一文钱吃一个。吕洞宾大喜过望，马上追了过去，问他说："你为什么只吃一个，而不要两文钱吃到饱?"

那人无奈地回答："我也想呀！可恨全身上下只有一文钱了。"

吕洞宾长叹一声，纵身飞上了天，从此断了收徒的念头。

吕洞宾收徒这个故事，说明大多凡夫俗子，在脑海中都有一个贪欲。从中庸的角度看，有这种思想并不可怕，关键是别过头了。

日本有个民间故事，叫做《会唱歌的乌龟》，很能反映"知足不辱，知止不殆"观念的本质。

这个民间故事说的是在很久以前，有个地方住着一家四口人：一对夫妻和他们的两个儿子。后来，丈夫去世了，妻子守寡，要带大两个孩子，生活过得很拮据。想不到大儿子贪得无厌，偷偷地将家里稍值钱的财物席卷一空，独自离家出走了。小儿子倒是十分孝顺，千方百计地照顾母亲，与母亲相依为命。为了赡养母亲，他每天上山去砍柴，然后挑到集市去卖，挣得一些钱，买回米和母亲喜欢吃的蔬菜。

有一天他砍柴时，遇到了一只小乌龟。小乌龟告诉他，自己会唱许多动听的歌，只要将它带到人来人往的集市上去表演，就可以挣得比卖柴多好几倍的钱。第二天，小儿子照乌龟的话做了，将它带到集市去唱歌，赢得了行人的称奇，果然获得了许多作为谢礼的钱。此后，小儿子经常带着小乌龟一边卖柴，一边表演，挣了好多钱，很快就成了一个富裕的人，使母亲过上了舒适安逸的生活。

那没有良心的大儿子听说弟弟发了财，便厚着脸皮回来，向弟弟打听发财的奥秘。小儿子忠厚老实，念兄弟之情，便将来龙去脉都向兄长和盘托出。大儿子羡慕不已，认定小乌龟就是摇钱树，死皮赖脸地向弟弟要去了小乌龟。

大儿子迫不及待地将小乌龟带到集市，要它表演，但它就是不吭声，引起围观路人的嘲笑，使他出尽了洋相。大儿子一气之下，就将小乌龟给宰了。小儿子得知乌龟死了，非常伤心。他将小乌龟埋在自己家的附近，还在坟上栽了一棵小树。奇怪的是，第二天早上一看，小树已长成了参天大树，树上有几百只乌龟，每只乌龟嘴里都叼着金块。小儿子将金块收起，一下子成了大富翁。

大儿子知道后，又跑来砍下这棵树的枝条，插到自己家的院子里。第二天，这根树枝也长成了参天大树，树上也有几百只乌龟，但它们口中都没叼金块。大儿子气急败坏，就爬上树去捉乌龟。他爬得很高，乌龟没捉到，手上抓着的树枝却突然折断了。他从高高的树上掉了下来，受了重伤，腿骨也摔断了。

这个民间故事中贪心的大儿子，实在是一个愚蠢的人。因为他不懂得，期望值和满足程度是成反比的。一个人的期望值越高，便越难获得满足，生活就越是痛苦。假如你的一生一世都被欲望套牢，都要为它做牛做马当奴隶而丧失了享乐的能力的话，难道不觉得很冤枉吗？林语堂在“贪”的问题上，曾经不止一次地对大家说，不是因为完美与安顺，而是因为残缺与波折才使人生显得美丽动人。再进一步说，其实人生是不必严格区分完满与残缺、得与失、成与败、快乐与忧伤的，关键是你有没有“乐亦乐”、“忧亦乐”的情怀。

欲求本是心念，是每人都有的东西。既然它存在，就自有存在的理由。比如说，欲望之于追求，之于理想，之于目标，之于那一切一切催人萌生万千勇气以求上进的东西，都是一股强大的推动力。而世人在教导子孙成人成才时，也必然首先激发他对某件事情的欲望，否则便无以成功。这便是“欲”的好处。不过，在你准备“贪得无厌”的时候，一定要先回想起那句“爬得越高，摔得越重”的古训，收敛一些，方能保一身平安，得一生趣味，做一生成就，赚一身口碑，这方是上上的聪明人。

隐忍的价值

中国固把忍耐看作崇高的德性，有句俗语说："小不忍则乱大谋。"由是观之，忍耐是有目的的。

——林语堂《中国人之德性》

中国是一个崇尚德行的国家，从古到今，上至帝王，下至平民，无一不是尚德不尚武，所以也就可以解释为何中华泱泱大国很少有侵略他族的意图了。即使是有敌人，依我国人之意，也莫不是先强压怒火，忍耐着，以德报怨。因其大，才不怕被外国占个块块角角；因其大，才不怕外族进来跟你谈天说地；也因其大，才最终将每一个外人的后代都用"血浓于水"的方法同化掉了。

所以林语堂先生说，中国人的忍耐，确实是有目的的。就像他自己，在国外求学的时候穷到不名一文，太太患盲肠炎入院的一周靠桶老人牌麦片度日。这是林语堂一生最艰难的时日：他觉得肚子像个无底的大口袋，刚喝下一杯麦片转眼间又饿了，而且总是头昏眼花，周身冒汗。此时的林语堂深切理解了钱的意义，也体会到穷人挨饿的滋味！事后，林语堂一见麦片胃里就往上涌冒酸水，为此他一生都讨厌麦片。

太太回家得知后伤心得大哭，林语堂忙拿出妻兄廖超照寄给他的一千美元跟太太眉开眼笑地说："凤，你看，现在钱已寄到，病也好了，后面就轮到我们过好日子了。"

他们的日子并没有好起来，因为付不起哈佛大学的学费，林语堂只好携妻子去法国勤工俭学，又辗转德国莱比锡大学深造，最终获得哈佛大学硕士和莱比锡大学博士头衔回国。如果当时没有对梦想的追求，没有对学业的渴望，林语堂是不会在忍耐贫穷中获得成功的。可见，忍耐需要理想的支撑。

当然，忍耐又是一种在无声无息中将祸患化解的高明手法，是我以不变应万变，是看你横行到几时。

清·金兰生《格言联璧·存养》中说："必能忍人不能忍之触忤，斯能为人不能为之事攻。"战国时期，有一位出生于魏国的范雎，因家境贫穷，开始时只在魏国大夫须贾手下当门客。有一次，须贾奉命出使齐国，范雎作为随从前往。到了齐国，齐襄王迟迟不接见须贾，却因仰范雎的辩才，叫人赏给范雎十斤黄金和酒，但范雎辞谢了。须贾却由此产生了疑心，认为范雎是把秘密情报告诉了齐国，才得赠送礼物。回国后，须贾将自己的疑心告诉了魏国宰相魏齐。魏齐下令把范雎传来，用竹板责打他，打折了肋骨，打落了牙齿。范雎假装死了，被人用箔卷起来，丢在外面。接着魏齐设宴喝酒，喝醉了，轮流朝范雎身上小便。后来，范雎设法逃出魏国，改换姓名，辗转到了秦国，当了秦国的宰相。

谁不想功成名就，谁不想轰轰烈烈干一番惊天动地的大事业？可是这世界上能干事的人不少，成大业的却不多，究其原因，方方面面，主、客观因素都有。比如要有良好的社会背景，有千载难逢的机遇，也要有智商、有文化、有修养，等等。其中，"忍"也是成就大业的必备心理素质。

孔子曰："小不忍则乱大谋。"也就是说想成大业、干大事，就得忍住那些小欲望，或一时一事的干扰。对于有理想、有抱负，想为国家、为民族干一番大业的人这完全是对的。

成语“负荆请罪”的故事中讲到蔺相如身为宰相，位高权重，而不与廉颇计较，处处礼让，何以如此？为国家社稷也。“将相和”，则全国团结，国无嫌隙，则敌必不敢乘。蔺相如的忍让，正是为了国家安定之“大谋”，忍让成大事。一时的“糊涂”换得一国的平安，何乐而不为呢？相反，不忍让而“乱大谋”的事也不鲜见。楚汉相争时，项羽吩咐大将曹咎坚守城皋，切勿出战，只要能阻住刘邦 15 日，便是有功。不想项羽走后，刘邦、张良使了个骂城计，派人马到城下，指名辱骂，污辱曹咎。这下子，惹得曹咎怒从心起，早将项羽的嘱咐忘到九霄云外，立即带领人马，杀出城门。真是，冲冠将军不知计，一怒失却众貔貅。

我们生活在现实中，难免会遭人非难排挤，说些刺耳的话。这些非议说大不大，还没严重到要法庭上见；说小不小，他人说的可能根本就不是那么一回事。如果非常在意，堵在心底，那份痛苦不就大大增加了吗？

要做到置若罔闻，泰然处之并不容易。如果只是不得已的“逼迫”自己这样做，其实是忍受着极大的痛苦熬煎，难以做到。

如果换个角度看问题，做到表面迷糊，内心清醒，超然于随风而逝的毁誉荣辱，追求心灵的解脱和自由，岂非更加明智？

现实社会中，虽然人生一世，绝不能糊涂一世，事事糊涂，不是好事。但难得糊涂那么一会儿，于心灵并非坏事。这就是林语堂追求的糊涂境界。

取道中庸，你也可以成为哲人

中国的哲学家是睁着一只眼做梦的人，是一个用爱和讥评心理来观察人生的人，是一个自私主义和仁爱的宽容心混合起来的人，是一个有时从梦中醒来，有时又睡了过去，在梦中比在醒时更觉得富有生气，因而在他清醒时的生活中也含着梦意的人。

——林语堂《醒觉》

林语堂认为，人生最大的苦恼，不在自己拥有的太少，而在自己向往的太多。向往本不是坏事，但向往的太多，而自己能力又不能达到，则会构成长久的失望与不满。在对环境、对自己都长久地感到失望与不满的情形之下，就产生了自卑、疑惧和对环境的戒备及内心的紧张。林语堂的书房叫做“有不为斋”。并且，他确实做到了，也确实获得了心灵上的宁静。这种幸福是竭尽全力争斗的人无法体会的。

现在的社会脚步总是太凌乱，又慌张，归根结底还是欲望太多，追求太多，在一片忙碌中很多人丧失了本性、天真，而日益狰狞起来。那些太急于求利或急于求功的人们来说，有必要学会一份“心灵上的舒展”。这种心灵上的舒展就是让自己能把一切看平淡些、看轻松些，不要期望得太高，不要过分地求全责备。固然，在正常的情形之下，我们都应该要求自己上进，要求自己做事要成功、要精确、要胜利、要超然；但是在这一切要求之上，还必须有另一种要求来使它平衡，这要求就是使自己“量力而行”、“轻松平淡”。

聪明的人都知道，走不通的路，就立即收住脚步。

放弃是一种让步，让步不是退步。让一步，避其锋，然后养精蓄锐，以利更好地向前冲刺。放弃是量力而行，明知得不到的东西，何必苦苦相求，明知做不到的事，何必硬撑着去做呢？

放弃需要明智，该得时你使得之，该失时你要大胆地让它失去。有时你以为得到了某些时，可能失去了很多；有时你以为失去了不少，却也有可能获得许多。不以得喜，不以失悲，尽自己最大的努力去做。

你应该明白：即使你拥有整个世界，但你一天也只能吃三餐。这是人生醒悟后的一种清醒，谁真正懂得它的含义，谁就能活得轻松，过得自在，白天知足常乐，夜里睡得安宁，走路感觉踏实，蓦然回首时没有遗憾！

托尔斯泰讲过一个故事：有一个人想得到一块土地，地主就对他说，清早，你从这里往外跑，跑一段就插个旗杆，只要你在太阳落山前赶回来，插上旗杆的地都归你。那人就不要命地跑，太阳偏西了还不知足。太阳落山前，他是跑回来了，但已精疲力竭，摔个跟头就再没起来。于是有人挖了个坑，就地埋了他。牧师在给这个人做祈祷的时候说：“一个人要多少土地呢？就这么大。”

其实，我们每一个人所拥有的财物，无论是房子、车子……无论是有形的，还是无形的，没有一样是属于你自己的。那些东西不过是暂时寄托于你，有的让你暂时使用，有的让你暂时保管而已，到了最后，物归何主，都未可知，所以智者把这些财富统统视为身外之物。

不管你是否失去过，都不要总想着挽回，有时人生需要放弃，需要的是失掉一些东西后对思想、对命运的历练。放弃是一门艺术，在物欲横流的今天，既需要你作出选择，而更多的则是放弃。与其说是抉择得当，不如说是放弃得好。人生苦短，要想获得越多，就得放弃越多。那些什么都不放弃的人，是不可能有多少获得的，其结果必然是对自身生命的最大的放弃，让自己的一生永远处在碌碌无为之中。

所以老子说，“持而盈之，不如其已”。对于那些生命中本不属于你的东西，该放弃就放弃好了！

林语堂的人生哲学告诉我们：你真正所应珍惜的，是现在，是拥有，是可以享受到的一切幸福。比如家庭，比如爱情，比如闲散自在，不受功名利禄骚扰的生活。

这山望着那山高，登上去已是困难，若中途再遇上野兽，或山体滑坡，或是雪崩葬送了自己，倒还真不如快快乐乐地住在山脚，与日月同劳同休，与小溪群鸟捉个迷藏，多么逍遥啊！

第二章

半里乾坤：品读林语堂的幸福心灵

人心太小，小的只能承载一种幸福。如果要对它诠释，莫过于不苟求，热爱并忠诚地守护自己的乐趣之源了。就是这么看似简单的东西，可为什么大家都做不来？所以林语堂“半雅半粗器具，半华半实庭轩”还无比幸福着，他就成了林语堂，而你，不是。

生的对面很平静

每个葬礼的行列都似乎有一面旗帜，上面写着人类平等的字样。

——林语堂《生活的艺术》

世人都愿意谈生，而畏于说死。死亡，无论对于任何生灵来说，都不啻为最恐怖、最无情的惩罚，因为死神的降临，你所拥有的一切都即将化为梦幻泡影，你生前的一切表演，都成了现在人们眼中的闹剧，惹得人家大笑，或者心烦，或者唾骂。就像楚王死后还被伍子胥拉出来鞭尸，张居正去世后被小人诬告有一本了不得的棋谱而被开棺搜寻，等等。呜呼哀哉，这是多么恐怖的事情啊！所以我们还是不要死，千方百计求得长生，保全今世的幸福为妙。

虽说平常死亡对我们而言，像梦一般遥远，我们总想：我们还正在大好年华，怎么会呢？但事实上那是每个人终有一天都会面对的现实，即使最爱的人也要被迫分离，被迫抛弃已有的财产、地位，终究得到另一个世界去的。浑然不觉的我们总是生气蓬勃地度过或哭或笑的一生。

我们或者认为死亡是几十年以后的事，或者认为是马上要面临的事，因这两种想法不同，生活态度亦随之差距甚大。

倘若我们认为死亡是很久以后的事，则不会慌慌张张地急着要把活着时该做的事做完。但如果死亡迫在眼前，则必会将所剩短暂的时日区分清楚，好好地把握。

日本的上智大学精神科教授小术贞孝曾走访全日本的监狱，他获得一个惊人的结果，那就是死刑犯和无期徒刑犯之间，想法与态度有很大的差别。

死刑犯中有人一晚可作出 20 句甚至 30 句的俳句，或者读完一本深奥难懂的书，或者给同一位女性写了 300 封的信，等等，每人都显出自己性格最旺盛的一面。

相反的，无期徒刑囚犯则对任何事都提不起兴趣，简直毫无气力、毫无感觉。如果我们也是这么无生气、无感觉的，大概是因为不认为死亡就在眼前的缘故吧！

仔细想想看，我们每夜不都在死亡的状态中吗？睡眠是一种假死状态，只不过确知第二天早晨会醒过来，方能安心入睡罢了。谁都无法保证明天一定还会活着，所以不妨将今天视为生命的最后一天，努力地去把它过到最好，岂不善莫大焉？林语堂在 1974 年还写下了《八十自叙》这部书，这是他为自己的写作生涯，为人生画上的圆满句号。要知道，此时的林语堂经过丧女之痛的打击后早已身心俱疲，76 岁之后便时有大吐血等恶性症状发生。当 1974 年谢冰莹与蝉贞一起去看林语堂时，发现这次与上次见面没过多久，而林语堂的变化竟如此之大：手脚都不利落，拿杯子的手在轻颤。当林语堂问她们二人是否去过韩国时，谢冰莹更是吃了一惊，因为那一年她是与林语堂同去韩国的呀，连这件事他也忘了？林语堂的记忆力大不如前了。她甚至感到，林语堂的生命走到了尽头，不知下次来能否再见到他。

然而当时78岁的林语堂却对自己的变化没有多少恐惧感。他分明悟到了不起波澜的大海所蕴涵的广大、深厚和力量，它远远胜过波涛汹涌、激情奔腾的时候。如他所说："我觉得自己很'福气'，能活到这一把岁数。和我同一代的许多杰出人物都已作古。无论一般人的说法如何，能活到八九十岁的人可谓少之又少。胡适、梅贻琦、丘吉尔和戴高乐亦然。那有什么关系呢？我只能尽量保养，让自己至少再活十年。生命，这个宝贵的生命太美了，我们恨不得长生不老。但理智告诉我们，我们的生命就像风中的残烛。寿命使大家平等如一——贫富贵贱都没有差别。生死成为平等。"

古时候，人们对待死亡，仁者，叫做安息；不仁者，是倒伏。列子说：鬼者，归也。死，是人得到最后的归宿，所以古人叫死去的人为归人，而活着的人叫行人。

活着的我们总归要死去，仁者和不仁魂灵的终结是一致的。灵魂安宁或者倒伏，活着的人不会知道，但活着的人心中都明白它具有分量。

所以，看待死亡，也是我们看待生命的态度。

我们都是现实主义者，或者说，我们生存的环境培养了我们的现实精神，以决然现实的目光来审视死亡是我们的习惯。但在某种程度上，这也构成了桎梏我们精神的枷锁。

失去了超然，也就失去了生命与无限的世界和谐相关的联系，失去我们对于死亡仅存的诗意和幻觉，苍白地伫立于人世。

庄子认为，我们的心灵应该实际上也能够超越于生命之外，因为，我们与自然是息息相关的。

《庄子·至乐》说到这样一件事：

庄子的妻子死了，他的朋友惠施去吊丧。

庄子两脚张开坐着，拿着一个瓦盆，一边敲打一边唱歌。

惠施责备他说："和妻子住在一起，她为你生儿育女，现在老而身死，不哭也罢了，还要敲着盆子唱歌，岂不是太过分了吗？”

庄子却回答说：“不是这样的，她刚死时，我怎么能不悲伤呢！可是，想想她起初是没有生命的，不仅如此，开始她也没有形体，没有气息。在若有若无之间，变而成气，气变而成形，形变而成生命，现在又变而为死，恢复了原来的样子。这就同春夏秋冬四季的循环一样。人家现在静静地安寝在天地之间，舒适而自在，而我在旁边号啕大哭，我以为这是不通达生命的道理，所以才不哭。”

庄子的旷达在这寓言里淋漓尽致地表现了出来。庄子告诉我们：拘泥于生，是未通达生命的道理。我们来自于自然，而后回归于自然。懂得这一点，才明白死的道理，也才能通晓生的意义。然后发现，死亡竟也不是那么可怕的事情。

林语堂直接继承了中国道家的思想，他肯定死亡的绝对性，并认为死亡是一种普通的自然现象，生死就如昼夜的交替或春夏秋冬四时的更换。他反对人可以不死的妄想和类似的各个胡说，也否定肉体复活、灵魂转世、精灵变鬼的幻想，否定天堂和地狱，主张对于个体而言死亡就是彻底的灭绝，包括灵魂和肉体的灭绝。

人无法逃避死亡，只能在精神上超越它，获得精神上的永生。所以林语堂就面对着一个难题。他既要承认生命的短暂性和一次性，并据此确立起现实原则和享乐原则，又要不使自己的理论染上悲观色彩和颓废色彩。这时，他就只能依赖人的较高的涵养修为了。须将达观的死亡观念提升为某种稳定心态，并融入主体的整体精神结构。从而战胜了精神死亡，获得了永生的人格。

其实，当人们认识了死亡的自然本质，又有了较透彻的人生观时，就会将死亡当做稀松平常的事情，像吃饭睡觉一样，看轻它甚至忘却它。于是悲哀和恐惧消失了，在消极情绪支配下的纵欲堕落不见了，享受和快乐，追求幸福被视为人生的终极目的，但它自然、合理、健康，是幸福的享受和快乐。林语堂认为死亡及其带来的终极虚无可以使人更加重视生命，坚定主意、抓住现实去过一种真正的、理想的生活，使人产生傲骨和自由意志，又催生诗歌和哲学。这就是死亡的意义。死亡还有别的意义——林语堂看出，死亡使人类实现了一个伟大的梦想："每个葬礼的行列都似乎有一面旗帜，上面写着人类平等的字样。"

快乐源于天性

人类的一切快乐都属于感觉的快乐。

——林语堂《人类的快乐属于感觉》

如何快乐永远是一个让人痛快的话题，因为每个人都在期盼着有朝一日能出现令自己十分满意的答案。但可惜的是，恐怕“一千个人心中有一千个哈姆雷特”，谁都不能把快乐作为一个人类共同的标准而高高悬挂起来。

林语堂先生说，人类的一切快乐都来自感觉。

如果你觉得自然里的东西是伟大的，那么它就会以异于他物的形态让你感受到伟大，体会到意义所在。

对于此，早在几千年前那个潇洒的天真无邪的庄子就对我们说，“至乐无乐，至誉无誉”。

卫国有个相貌极其丑恶的人，也让身边的男女对他倾心。

这个人叫哀骀它。男子和他相处，因敬仰他不想离开。少女见到他，便会对父母说，与其做别人的大老婆，还不如做哀骀它的小老婆好。有这样要求的女子，已经超过十个。

其实哀骀它这个人很平常，既无新知，也没有率先倡导什么，总附和他人罢了。他既无权威拯救危亡，也无余粮剩米救济他人；有的只是丑陋得叫人害怕的容貌，与随声附和的知识。

是什么过人之处，使得形形色色的男女敬服他、仰慕他呢?

鲁哀公告诉孔子，说他召见过这个哀骀它，果然是丑得让人吃惊。但相处不久，就很赏识他的为人处世；不到一年，就很信任他。鲁哀公提出把国事托付给他，他沉默不语，过了好一会儿，才漫不经心地想要推辞，弄得鲁哀公很没面子，但最后他还是答应了。可不多久，他就辞去了，鲁哀公忽然像失去了什么宝贵的东西，甚至有些绝望。鲁哀公问："这是个什么样人呢?"

孔子解释是，人生的生死、存亡、贫富、穷达，贤能与不肖，毁誉、饥渴、寒暑，都是事物形式的变化，也是天人运行的常道，所有这些出现在人的面前，日夜交替，前逝后继，人是说不清这些现象的前因后果的。懂得这种情势，心灵不受外界事变干扰，保持内心的和谐与平静，性情就不会失去安逸乐天的情态。这就是天然的德才完美。

哀公又问怎样是德行不露形迹。

孔子告诉哀公，水面很平，是水静止到极端状态，因此它成为平的标准。内心能保持静水一般的平静，就不会为外物所动。所谓德，就是保持天然的中和之气所达到的修养。所谓德行不露形迹，就是人表面上无所能、无所长、无所为，而大家却喜欢你、亲附你。

才德是一种感觉、学习是一种感觉、快乐同样也是一种感觉。

我们都觉得在年少时读书是件痛苦的事，它在消灭你大好年华的同时暂时还看不出给予你什么。于是，岁月蹉跎，一事无成，到头来不过是个市井小民。对此，林语堂说，我相信强逼人读无论哪一本书都是没用的。人人必须自寻其相近的灵魂，然后其作品乃能成为生活的必需。这一偶然的方法，也是发展个人的观念和内心生活之独一无二的法门。而这种嗜好，大概就是快乐的感觉吧。

快乐是一种表象，是一种自我感觉，关键是如何把握这种表象和感觉。我们在追求着快乐，只是不知它藏身何处，很多时候，我们身处幸福的山中，在远近高低的不同角度看到的总是别人的幸福风景，往往没有悉心感受自己所拥有的快乐天地。如果人生是一次长途旅行，那么，絮絮叨叨只顾终点何处，将要失去多少沿途的风景？不同的风景相对的是不同的人，不同的人相对的是不同的心。

林语堂在自己的生活中，极力推崇同样用感觉来分辨人生的知音。比如沈复，李渔，比如那个对自然之美其敏感的张潮。在《幽梦影》中，张潮这样来表达自己独特的感觉：

他能区别风的不同韵味：春风如酒，夏风如茗，秋风如烟，冬风如姜芥。在他听来，好听的水声风声种类不少，水之为声有四：瀑布声、流水声、滩声、沟浍声；风之为声有三：松涛声、秋叶声、浪涛声；雨之为声有二：梧叶荷上声，承檐溜竹筒中声。同是声音，欣赏起来大有讲究，最好是：春听鸟声，夏听蝉声，秋听虫声，冬听雪声；白昼听棋声，月下听箫声，水际听欸坎声。至于看，他认为楼上看山，城头看雪，窗前看月，舟中看霞，月下看美人，“另有一番情境”。玩月又当注意：皎洁则宜仰观，朦胧则宜俯视。他发现，梅边之石宜古，松下之石宜拙，竹旁之石宜瘦，砚中之石宜巧。又发现，艺花可以邀蝶，累石可以邀云，栽松可以邀风，贮水可以邀萍，筑台可以邀月，种蕉可以邀雨，植柳可以邀蝉。人事天然原可相通，所以有了地上的山水，也就有画上的山水、梦中的山水和胸中的山水。“地上者妙在沟壑深邃，画上者妙在笔墨淋漓，梦中者妙在景象变幻，胸中者妙在位置自然。”另外，“梅令人高，兰令人幽，菊令人野，莲令人淡，春海棠令人艳，牡丹令人豪，蕉与竹令人韵，秋海棠令人媚，松令人逸，桐令人清，柳令人感”。玩赏之中怡人性气，莫偏爱二物为好。人能如此，何处不是佳境！

世间不缺少快乐，只缺少发现和欣赏的心境和能力。如果一个人贪得无厌，就会在你争我夺和尔虞我诈中忍受痛苦，或者渴望名利权势长生不老，那便无法很好地享受真实而痛快的人生。林语堂指出：“长生不老的欲望，跟站在另一端的自杀心理属于同类，二者都是厌弃这世界，以为现在的世界还不够好。”他否定天堂思想和天堂向往，感叹：“尘世到底是真实的，天堂终究是缥缈的，人类在这真实的尘世和缥缈的天堂之间，是多么幸运啊！”

是的，不管这世界将如何变化，快乐永远是一种感觉，一种满足后的欢欣雀跃，一种面对风景的怡然自得，一种欢快的步伐，一种随意而歌的冲动。

饮食的智慧外衣

如果一个人能在清晨起床时，很清醒地屈指算一算，一生之中究竟有几件东西使他得到真正的享乐，则他一定将以食品为第一。所以，倘要试验一个人是否聪明，只要去看他家中的食品是否精美，便能知道了。

——林语堂《生活的艺术》

犹太家庭，用叩击金币的声音来迎接孩子的降生。中国的家长，在即将升辈的那刻一边郁闷地踱着方步忍受着孕妇的惨叫，等待那令人心焦的第一声啼哭，一边嘱咐旁边的人去看看补身子的鸡汤是否该添些水，下奶的鱼汤是否熬好，等等。西方的妇人产子一周后便可下地工作，中国的太太们则要在床上躺够一个月才准许出门，而这一个月之内，曾经的窈窕淑女终于养成了丰腴妇人，当然，这就是标志女性人生的另一个开始。所以从这个角度来讲，中国的母亲确是“吃”出来的了。

林语堂先生说，“吃是人生为数不多的享乐之一”。而且放眼看来，它也是唯一一项平等的爱好——无论贫富贵贱，哪个都有热爱并享受美食的权利。

古人云“三世长者知被服，五世长者知饮食”。饮食对于人生而言毕竟更为实在。林语堂承认，吃好的东西最能使他快乐。

他爱好美味，这种爱好还影响到他的家庭。他的三女儿和夫人曾合著《中国烹饪秘诀》和《中国食谱》，前者于1966年获法兰克福德国烹饪学会的奖励，后者出版于1969年，林语堂亲为作序。有一段时间，林家的厨房成了美食实验室。烹饪的价值在于平常中见不平常，在制作的匠心和审美讲究，林语堂从其中获得的，并不仅仅是口腹的满足。

林语堂曾经在他的散文《论肚子》中这样说道：

一个东方人在盛宴当前时是多么精神焕发啊！当他的肚肠填满了的时候，他是多么轻易地会喊出人生是美妙的啊！从这个填满了的肚子里透射出了一种精神上的快乐。东方人是靠着本能的，而他的本能告诉他，当肚子好着的时候，一切事物也都好了，所以我说在东方人生活是靠近于本能，以及有一次使他们更能公开承认他们的生活近于本能的哲学。我曾在别处说过，中国人对于快乐的观念是“温、饱、黑、甜”——指吃完了一顿美餐上床去睡觉的情景。所以有一个中国诗人说：“肠满诚好事，余者皆奢侈。”

是的，饮食诚然是人生莫大的乐事。一部《红楼梦》，洋洋洒洒百八十篇，倘若剔去饮宴的场景，你看还能剩得下多少？并且，除却这些后，试问又有几人觉得它好看来着？《红楼梦》之所以成为中国最伟大的古典小说，就是得到了人民百姓的支持。而百姓们通常只是看个热闹，“爱那大家行事”，“爱那精致的饮食和华美的衣裳”，“爱那画里的美人一样的小姐”……但仅有这几样，也就够了，也就无愧于坐上小说的第一把交椅了。

看到这里，也许有人说，原来是这样啊，语堂先生让我们尽享饮食之乐，那我们可以放开肚腹大吃其道了是不是？不然，你应该知道，饮食是颇有讲究的。在中国四大恶“吃、喝、嫖、赌”中，吃占头名，可见也是带有深深的罪过的。

《周礼》上记载：王的主食用六谷。肉食有6种牲畜，饮料有6种，蔬菜有120种，烹调的方法有8种，现在之你我看来，可能显得“简陋”了些。但不要急，让你真正大吃一惊的是有120瓮肉酱供他调味。这个大王早上吃饭，每天要杀一次牲畜，要用12只鼎。王进食的时候要奏音乐，让他吃多，吃好。而且很讲究的，比如春天吃羊羔和小肥猪，要用牛的油来烹调；到了夏天吃干制的野鸡和腌制的干鱼，要用狗的油来烹调；冬天主要吃小牛和小麋鹿，要用猪油来烹调；秋天就吃鲜鱼和大雁，要用羊的油来烹调。每年年终的时候，王的厨师要作出统计报告，这一年王都吃了些什么东西，一统计下来，就所食用的飞禽走兽类来说就太多太多了。

夏朝的时候，桀或许已经不满足先辈们的饮食制度，于是就想独创一个。他整日整夜和宠爱的妹喜以及宫女饮酒。发明了一个“肉山脯林”，就是肉堆得像山一样，肉脯挂在那儿就像树林一样，还有那酒不是一瓶一瓶的，也不是一瓮一瓮的，而是干脆挖了一个大酒池。后来导致许多大臣喝醉了跌下去淹死在里面。夏朝就亡国了。

这些都可以说是饮食过于奢靡造成的，怨不得别人。可也许你会拿出孔子“食不厌精，脍不厌细”来为自己开脱，说孔子“割不正不食”，把肉切割得歪歪扭扭的，不中看，他就不吃。也算是够难伺候的了吧！然而孔子又不愧是个大智慧的人，他很爱喝酒，据说能饮“百觚”，换算成今天的计量单位，就是可以饮大杯子百来杯，喝得够多的了，而且孔子不规定一天喝多少，一顿喝多少，但是他从来不让自己喝醉，这就是“唯酒无量，不及乱”。这就是孔子的智慧！另外，孔子不是一个素食主义者，很爱吃肉，但是从来不让吃肉超过饭食的量，这就是“肉虽多，不使胜食气”。这就是孔子对待饮食的过人之处！因此他也能高寿，活了73岁，而当时的平均寿命只有三四十岁。

另一方面如孔子自己说的：“饭疏食饮水，曲肱而枕之，乐亦在其中矣。不义而富且贵，于我如浮云。”（《论语·述而篇》）你看，孔子多洒脱！他能享受美食，也能审美粗劣的饮食，当他吃粗饭，喝冷水时，他也很快乐！孔子一生坎坷，他曾经带着学生周游列国，来到陈国、蔡国的地方。陈国、蔡国的官员们害怕孔子到了楚国后被重用，对他们两国不利，就派兵把孔子他们包围住了。他们山穷水尽，粮食吃光了，只能挖点野菜吃了，跟随他的人都饿得起不来了，可唯有孔子依然讲诵诗书，抚琴歌唱，你看，这就是孔子吃菜根度日时的乐观心态。

所以，语堂先生在他推崇的“半半歌”里，特别地为饮食添上两笔，以恐世人自误。他说“肴馔半丰半俭”，又“酒饮半酣正好”，即是智慧的再现了。

随时与尽情

美味以大嚼尽之，奇境以粗游了之，深情以浅语传之，良辰以酒食度之，富贵以骄奢处之，俱失造化本怀。

——林语堂《乐享余年》

自古以来，凡是会享受人生者，大都有自己的一套规矩。比如孔子能忘掉身份随众人一起唱歌，庄子想变成蝴蝶就变蝴蝶，想羡慕大鲲就羡慕大鲲，沈复在闺阁之中领略了多少夫妻志趣相投之美，又和朋友享受了多少得意忘形之事。从他们身上，至少看到了两点事实，一是热爱，二是尽兴随时。

林语堂当然也是个乐得享受的人。30 年代初期，林语堂既要教书，又要编刊物，还要读书写作，其繁忙紧张程度可想而知。但林语堂非常注重休闲生活，经常离开上海到外地游览名川名胜。

一次，林语堂带家人到杭州，火车开动，风从窗外吹进来，吹得人眼睛都睁不开。别人都急于关上窗户，林语堂却将一张展开的报纸放出去，让风把它吹得呼呼作响，而后再用手将报纸撕一小口，于是报纸被风吹碎带跑了。他自己玩够了，还让女儿学着玩。

到了杭州，一家人住进饭店。饭后林语堂带女儿在湖边散步，并教她们如何看山、看水、看天上的云气："山、水和云都是最善变化的，在不同的时间和地点看它，其形状、色彩、气韵各不相同。它们性格也各异，从对其态度的差异上，可判定一人的个性与喜好。'仁者乐山，智者乐水'即是此意。所以，你们要好好观察山、水和云，注意体味眼中的一切。"

林语堂后来写过一段话，概括了此次出游的动机和意义。他说："凡人在世，俗务羁身，有终身不能脱、不想脱者。由是耳目濡染愈深，胸怀愈隘，而人品愈卑。有时看看庄子，接近接近大自然，总是好的。"

在现代社会，总有人认为生存就是奋斗、拼搏，争夺甚至劫掠。人人都忘掉了如何去享受生活，如何去不辜负大好人生。而随时与尽情更是天方夜谭，仿佛是在浪费时光，浪费金钱了。所以大多数人都是俗人、庸人，得不到天地间自然之灵气，也就没有什么成就。而林语堂之所以被称做中西现代第一懂得生活的人，快乐就快乐在了随时可以放下手中的一切与亲友、爱侣漫步四海，这份豁达与潇洒难道不让人羡慕和去学习一番吗？

不同的人物对享受的感觉都是不尽相同的。写了《小窗幽记》的陈眉公说，兴来醉倒落花前，天地即为衾枕；机息忘怀磐石上，古今尽属蜉蝣。

他觉得人生最尽兴之事，莫过于在花落之前醉倒在朦胧的睡梦中人以回味其美，并以天地为席枕，以磐石为老友，笑尽天下争名夺利的可笑之人，该是多么畅快的事情！

当然，万物之中，只有真心，灵心才具有评价谁或者什么为佳物的能力或者意识，自然一切都是从人类的角度来观察和判断的。也就是说，一切种类中的尤物，都一定与人有着亲密的关系。

然而人们在社会生活中基本上形成了一种行为模式，往往会拘束自己以适应舆论的要求。我们生活的环境也就成了卧室到办公室，厨房到市场等的直线模式。城市文明的发达，隔离了我们与自然的关系，使我们成了有家难归的游子。于是，我们感到恐惧和不安，不知道我们的归宿到底在什么地方。就连死后我们也不能够落叶归根，只能被一把火烧掉而任风扬其灰了。我们的心灵受到了限制，失去了自由的空间，从而感到无限的悲哀。

我们生活在名利倾轧的旋涡中，不得不培养出自己的机械心理来去进行战斗。而要战斗就得有伤亡，所以我们很苦。有一人从井中汲水，却放着辘轳绳索而不用，硬是掏了一条斜道，搬着陶罐一罐一罐地把井底的水汲上来去浇地。子贡见了很纳闷，不知道他是什么意思。老人却告诉他说，辘轳是机械，有了机械的事就一定会有机械的心，所以我又何必使用机械来苦自己的心灵呢！一旦有了机械，我们的心灵就被绞在了那辘轳上，永远也休息不下来。

《庄子》中所说的蜉蝣虫朝生而暮死，不知道晦朔是什么样子。人生又何尝不是如此呢？争来争去，古往今来，种种纷纭，白驹过隙，怎么能够抵得住这时间的洪流呢？与其我们扭曲了自己的心灵，去与人钩心斗角，斤斤计较，而所获无几，何不放下这名利的念头，坐在那方方广广的磐石上，敞开了胸怀，让那清风吹拂着我们的心房，仰望着天光云影，以自己清净本来的心眼，观看这无比美丽的天地呢？

因此，林语堂对我们说，要依尊你的本心，细心地去品味这个世界，方能咂出些过人的滋味与志趣来。其实这并不困难，关键的一步是，将那一半与世争宠之心，收回自己肚里，随时挥洒自己热爱事物的本心本性，安静地体会如孩童的欢乐。

读书如同阅友

一本古书使读者在心灵上和长眠已久的古人如相面对，当他读下去时，他便会想象到这位古作家是怎样的形态和怎样的一种人，孟子和大史家司马迁都表示这个意见。

——林语堂《生活的艺术》

人生最大的乐事便是有几个志同道合的朋友，或是可以一同游山玩水，或者足以聊解闺中寂寞，或是乐意一起上街来个酩酊大醉，或是一块悠闲地读几页书，品两口茗，谈古论今，纵横天下。只要是得其中一趣，便完全抛弃朋友的其他不和个性。

这个世上大概有两种哲学态度，于是也便将分为两群。一类是“有无”，一类则是“半半”。信奉“有无”的人，大抵有孤高的性情，加上若许才华，容貌，便觉得这个世界不可负我。于是做事爱讲个绝对，读书必是古典文籍，喝茶必是碧螺春或大红袍，听音乐必是古贤大作，要么统统都是现代的摇滚。他们从不愿让自己处在某件事的不完美中左右为难，只好寻自己所爱。那种“半半”哲学观的人，则是可有可无，宜俗宜雅，不怨天不尤人，日子过得是比较轻盈的。所以，人们都说，还是后者好。

的确，做事不要过于圆满，读书不要过于苛责，交友也不应只认准一类。张潮应该算得上是位善读书，乐交友的人。在他的《幽梦影》中，他曾不无得意地说，对渊博友，如读异书；对风雅友，如读名人诗文；对谨饬友，如读圣贤经传；对滑稽友，如阅传奇小说。

如果你想做个受欢迎的人，当然就需渊博，而读不同的书则可以助你成此道。同时，你也可以借书中的知识去结交更广泛的朋友，提高你的乐趣和境界。交朋友，是为的在生活中能够有帮手；读书籍，是为了在生活中能够有指南。这两者的作用是相同的，都是为了让人过得幸福一些。

在这种意义上来说，朋友就是你的书，书也就是你的朋友了。

也就是说，读什么样的书，也就等于在交什么样的朋友；交什么样的朋友，也就等于在读什么样的书。朋友的种类越多，说明你读书的种类越多。况且，书籍又是生活的反映，你读的书越多，也说明你生活的领域越宽阔。拥有的越多，说明你过得越幸福。有些人虽然不识字，也可以说是没有文化，却在生活中左右逢源，八面玲珑，过得很潇洒。一个根本的原因，就是他们的朋友多，而且是各种各样的，各个领域的都有。

孔老夫子说过："四海之内皆兄弟也。"天下的人都能够成为我们的朋友，无论他是什么层次或者什么领域的。只要我们有一颗诚心待人，也就足以与之交往了。

社会的生活，是人类之间相互依赖着的。再高贵的人，也是要开门七件事：柴米油盐酱醋茶。再卑贱的人，也是"盗亦有道"的。卑贱者也要有精神上的渴求，高贵者也一定有物质上的欲望，这就决定了我们每一个人都会成为朋友。

不识字的，如果有了识字的朋友，岂不等于自己识了字！书本上的字可以不识，但是生活中的字却不可以不识。如果我们既识字，又有朋友，那岂不就是双料的知识分子了！生活岂能不幸福呢？所以，无论如何，每个人都一定要交朋友。

面对着知识渊博的朋友，就仿佛是在读那奇妙绝伦的书籍。所谓渊博，就是说无所不知，无所不晓，肯定有我们自己所意想不到的阅历或者知识。他们那些出人意料的奇闻逸事，会让我们捧腹大笑或者增长见识；那些超凡脱俗的见解和对生活真谛的领悟，又会让我们反观自省而启迪良深。有时候，他们的言谈举止让你惊叹、好奇，简直使那些再奇异的书籍也都会显得黯然失色。

面对风流儒雅的朋友，似乎是在读名家的诗词文章。司马迁的鸿篇巨制，李白的诗，苏东坡的词，真是天马行空，一意神行，可谓之大手笔。就仿佛是那飞将军李广领兵打仗，神出鬼没，完全出自天然，实难逆料。这正如李白自己所说的："清水出芙蓉，天然去雕饰。"

面对着持身谨饬的朋友，就好像是在读那圣人贤者的经典专著。经典之中，所讲解的都是如何做人的大道理，就是要让你把生活过好，把人做好，然后才可能生活得幸福美满。所以，读圣贤之书，就是要学习他们对于生活的体认和领悟，从而使我们自己有所改变和完善。

面对着幽默滑稽的朋友，恍若是在读览那传奇小说。传奇小说传的就是一个奇字，因为出奇，所以才会让人开心解颐。如果我们的朋友很幽默滑稽，自然而然地会在生活之中造成无穷的笑料，供我们快乐开心。

当然，我们这里所说的幽默或者滑稽，一定不是那些故意制造噱头求惹人眼球的人。他们使你在欢悦中接受了真理或者劝诫，得到有益的启发和收获，并且使你开怀而解颐，叫做寓教于乐。

林语堂的智慧告诉我们，想让心灵获得超逸的感受并不是一件有难度的事。实在无聊，就照上面说的，读书交友，也自然乐在其中，不管他们是古板还是诙谐，是粗俗还是雅致，只要将其糅在一起，便成了真正属于自己的特色生活。

而这种日子，便是满意和开心的了。

爱自己的天堂

> 让我和草木为友，和土壤相亲，我便已觉得心满意足，我的灵魂很舒服地在泥土里蠕动，觉得很快乐。当一个人悠闲陶醉于土地上时，他的心灵似乎那么轻松，好像是在天堂一般。事实上，他那六尺之躯，何尝离开土壤一分一寸呢？
>
> ——林语堂《生活的艺术》

人生最大的痛苦即是明明知道做不到，可是非得要逼迫自己做成不可。结果蹉跎了光阴，霜染了两鬓，才晓得原来一切似冥冥中的定数，没有的苟求不来。

林语堂先生在散文《阿方》中有这样有趣的描写“我要他去买一罐擦铜油，他去了一个钟头，回来时替自己买了一双新鞋，给我的孩子带来了一只蚱蜢，没有擦铜油。他天赋地不分工作和嬉戏。他收拾寝室会花去三个钟点，因为他会做工到一半时停下来假装去收拾一下鸟笼，这又得花去一个钟点，或是跑下楼去跟新来的洗衣女仆厮混一会。‘阿方，你 18 岁了，还不好好做事。’妻这样说：可是又有什么用呢？他打碎了碟子，甩坏了簇新的刀，把盘子丢在地上，让畚箕扫帚横在客室的中央，自己却跑出去捉蚱蜢去了。简直没有一套瓷器是完整的。当他急忙忙地端送我的早餐时，从厨房里能听到的声音是：砰——碰——哗啦。他从厨子那里接来了替我预备早餐的工作，据我猜想，是为了他高兴烧煎蛋。厨子也允许了他。

后来又新来了一个洗衣的婢女，厨房中的生活又将有什么变化了！新来婢女年纪21岁，愉快活泼，而她也喜欢阿方：厨房中的调笑声不断产生着，工作弄得更糟了！笑声继续增大着，阿方变得更无心工作了，收拾一间屋子要花更多更长的时间。阿方甚至把每天早晨替我擦鞋的事也忘了。我对他说了一次、两次、三次都没有效验。最后我威吓他如果明天再忘记把鞋擦好，并在六时半左右放在我寝室门前，我便要把他辞了。我发了大怒，整天没跟他说话，我企图恢复家庭中的纪律。主人的话是必须遵守的。那天晚上临睡前，我又在那孩子、厨子和新来婢女面前重申了一次解雇的威胁。人家都好像吓坏了，厨子和新来婢女更是厉害，我相信他以后会遵守我的话了。

第二天早晨，我六时醒来，耐心地等候着看我命令的效验。在六时二十分时，那新来婢女把鞋子送了来，不是那男孩。我觉得我被骗了。

‘我是要阿方拿的，怎样你拿来了呢？’我问。

‘嗄，我正要上楼来，我顺便把它带了上来。’那婢女问答，甜蜜而且温柔。

‘那他为什么不拿上来呢？是他叫你拿来的呢，还是你自己要拿来？’

‘不，不，他没有要我拿。我自己拿来的。’

我知道她是在说谎，阿方还睡着。可是她机敏地替阿方遮掩，倒多少打动了我的心弦。所以我便让我的纪律败坏下去，我也不想知道厨房里在做些什么了。”

这里之所以引用大量的文章，是因为只此便足以说明问题，不必再多费什么唇舌。从他纵容仆人的态度，基本上是能解释一下语堂先生生活得开心自在的原因的，因为他的宽容使自己得到人们的真心与敬爱；因为他的随性，使自己获得心灵上的轻松与快乐。

人都是从土壤中来，都是自天然中来，都是自良善中来，生而平等，生而聪明，生而属天属地，所以，不可忘却自己的本性，如果遗忘，便是痛苦。

就像李煜的浅吟低唱，青天涕泣以和其缠绵；

就像宋徽宗的画儿，宋高宗的字儿，山水奔腾以和其风骨。

这样的人，就算在尘世中无从解脱，但是只要还坚持着自我的本心，那么依旧轻松得如在天堂一般。

陶醉于真灵性，即使做不成别人的主宰，即使身外之物着实凄凉又有何妨？

让回忆结束

万事可忘，唯忘者名心一段；千般易淡，未淡者美酒三杯。

——林语堂《乐享余年》

上天给人类最大的恩惠之一，就是让我们拥有回忆。等我们到了学会思索的年纪，就会在对过去的回味中，细细咀嚼单纯的美好，无忧的可贵。而面对未来，则又开始愉悦地憧憬了。

然而，林语堂先生对我们说，要珍藏回忆，唯一段刻骨铭心的就好，唯一杯醇香甜存的便好。不可多想，不可停留，否则人生若是完全沉浸在记忆中，那么还怎么能解脱，怎么能让自己以一颗泰然的心去体味当下的幸福呢？

“我从上海圣约翰大学回家之后，我常到一个至交的家里，因为我非常爱这个朋友的妹妹C。他们家与后来我的妻子家是邻居。我也与后来成为我妻子的那位小姐的哥哥相交甚善。我应邀到他们家去吃饭。在吃饭之时，我知道有一双眼睛在某处向我张望。后来我妻子告诉我，当时她是在数我吃几碗饭。另外我知道的，我路途中穿的那脏衬衣是拿到她家去洗的。却从来没人把我向她介绍过。

在大学二年级时，我曾接着三次走上礼堂的讲台去领三种奖章，这件事曾在圣约翰大学和圣玛丽女校传为美谈。那时我这位将来的妻子还没进圣玛丽，但是一定听见人说这件事。我由上海回家后，正和那同学的妹妹C相恋，她生得确是其美无比，但是我俩的相爱终归无用，因为我这位女友的父亲正打算从一个有名望之家为他女儿物色一个金龟婿，而且当时即将成功了，在那种时代，男女的婚姻是由父母之命媒妁之言决定的。我们结婚之后，我一直记得，每逢我们提到当年婚事的经过，我的妻子就那样得意地哧哧而笑。我们的孩子们都知道。我妻子当年没有身在上海，但是同意嫁给我，这件事一直使她少女的芳心觉得安慰高兴。她母亲向她说：'语堂是个牧师的儿子，但是家里没有钱。'她坚定而得意地回答说：'究有什么关系？'

我姐姐在学校认得她，曾经告诉我她将来必然是个极贤德的妻子，我深表同意。

我知道不能娶C小姐时，真是痛苦万分。我回家时，面带凄苦状，姐姐们都明白。夜静更深，母亲手提灯笼到我屋里，问我心里有什么事如此难过。我立刻哭得瘫软下来。哭得好可怜。因为C小姐的父亲将她嫁予别人，我知道事情已经无望，我母亲也知道。

我的婚礼是在民国八年，蜜月是到哈佛去旅行。婚礼是在一个英国的圣公会举行的。

我要到新娘家去'迎亲'，依照风俗应当如此。新娘家端上龙眼茶来，原是作为象征之用，但是我全都吃了下去。举行婚礼时，我和伴郎谈笑甚欢，因为婚礼也不过是个形式而已。为了表示我对婚礼的轻视，后来在上海时，我取得妻子的同意，把婚书付之一炬。我说：'把婚书烧了吧，因为婚书只是离婚时才用得着。'诚然！诚然！

我们的孩子们说过好多次：'天下再没有像爸爸妈妈那么不相同的。'妻是外向的，我却是内向的，我好比一个气球，她就是沉重的坠头儿，我们就这么互相恭维。气球无坠头儿而乱飘，会招致灾祸。

他们婚后一直幸福着，对陈锦端的爱恋已深藏在记忆之中了。”

林语堂知道，与其沉浸在不可挽回的痛苦中，倒不如好好把握现在，否则你什么美好都享受不了，而只会一直痛苦下去。为什么要给自己这样大的折磨呢？人生是不能这样去过的。

因为只有你自己能把握得住今生的幸福。

其实，很大程度上，我们心灵平静的程度取决于我们能否生活在现在时，无论昨天发生了什么，明天也许发生或不发生什么，你身处的都是现在时——永远如此！

许多人让过去的问题和未来的忧虑来控制我们的现在，以至于以焦虑、沮丧和不抱希望而告终。

你看，这对于日子来说，除了感受痛苦外，还有什么意义呢？

我们所以要享受现在，享受今天，是因为我们要把每一天当做新的一天，以新的自己生活下去。

每一天起来，都是新的生命的开始。生活的解释就是生在今天、活在今天。

那些失去自信的人，又作了失去自信的选择，也就是把焦点对准过去的生活——这样就不可能以新的自己去迎接新的一天。如此把自己本身牺牲了。

老实说，一直在怨恨伤害自己的人，等于让自己的生活受到那个人的支配。自己的一生由那个人支配，意味着自己为那个人牺牲一生。

常有人因为不满抛弃自己的人而开始新的恋爱。这不是以新的自己展开新的一天。即使在形式上，与新的人谈恋爱，实际上也是为收拾受创伤的那一天而采取的一种方法。想一想那样过去的20年时间，就知道时间过得多快。如果一个女子一直在憎恨20岁时被抛弃的事，而作为收拾该事的一种举措，她报复性地与某人结婚。然后，假定现在已经40岁了。即使结婚生子到了40岁，当她回顾自己的人生时，从20岁至40岁的20年岁月，可能是完全的空白。

当然，如果她在25岁或30岁时，消除憎恨，重生为新的自己时，那又另当别论了。

有一良言说："怀恨某人，就是受某人的支配。"人有时为某时期的挫折，而一生受其支配。

有人为某次的挫折体验，牺牲自己的整个人生。因某一时期的挫折而牺牲自己人生的人，是没有自信的人。

你早上起来时，钱包里有叫做"24小时"的钱。没有自信的人把里面所有的钱花在过去的负债上。

可是昨天已经逝去，明天还未来到，后天尚不可知、我们唯一能够把握的就是今天！有自信的人会为今天而使用那笔钱；没有自信的人却像背着付不清的债在过日子。有自信的人不会负债。

重要的是，要把钱包里的24小时花在今天这个日子上，因为今天才是我们的生命，热爱生活就从热爱今天开始。丰收的果实丰硕甘甜，但是播种耕耘的过程才是我们生命的体现。享受现在，享受耕耘的快乐。

第三章

珠联璧合：品读林语堂的灵魂天堂

如果给你一支笔，请握成林语堂的姿势。这样一来，它既拥有了西式笔尖的锐利，又有了中式毛锋的柔软。既拥有了昂首挺胸，快意人生的冲动，又有了满怀傲气，睥睨天下的幽静。古人云，小隐隐于山林，大隐隐于朝市。而林语堂，微笑着教我们隐于灵魂。

与良物为友，成高人

鹤令人逸；马令人俊；兰令人幽；松令人古。

——林语堂《乐享余年》

这个世界上有许多很有趣的事情，比如“幽堂昼深，清见忽来好伴；虚窗夜朗，明月不减故人”，比如“蝶憩香花，尚多芳梦；鸟沾红雨，不任娇啼”。是多么有诗情、有画意啊。林语堂先生既然不是鲁迅，不是巴金，不是老舍，不是满腔的忧国忧民，那他就注定要做个特别的人，做个半俗半雅半神仙的人，并且，他向往神仙的思想成分可能还要高一些。

林语堂是个乐山乐水、愿意和一切美好的东西交朋友的人。他喜欢口含烟斗在院子里散步，尤其在清晨的朝阳和夕阳的余晖中，他一个人细细观看每一处生命的变动：那些树叶上发出的光泽，鱼在水池中自由地游动，鸟声啁啁，鸡之喔喔，还有常青藤浪漫的激情。就是山间飘浮的白云也像长了双脚和翅膀，会行走能飞翔。有时，林语堂愿意坐在阳台上看远山的景致，那是脱离了尘世的感受，美得有些凄凉落寞。每及此时，林语堂就会轻吟他喜爱的《乐隐词》，其诗曰：

水竹之居
吾爱吾庐
石磷磷乱砌阶除
轩窗随意
小巧规模
却也清幽
也潇洒
也宽舒
短短横墙
矮矮疏窗
乞楂儿小小池塘
高低叠障
绿水旁边
也有些风
有些月
有些凉
懒散无拘
此等何如
倚栏于临水观鱼
风花雪月
赢得工夫
好炷些香
说些话
读些书

这种心情有快乐也有迷茫，这是超凡脱俗的文人高士难免的！林语堂也遗憾，他想：“倘若园中养一仙鹤，那该多么美妙！白鹤可以展翅高飞，优美而舒展，如天仙下凡一般。如果仙鹤之脚在园中游走，那么整个园子都带了灵气，变得鲜活生动起来。还有红缨一点，白中带黑的翅膀，长喙灵目……”这是多么令人心旷神怡的画面啊，大概林语堂先生的灵性就是从它们身上悟过来的吧。

所以说，人的性情与他乐意去接触的事物是有很大关系的。“鹤令人逸；马令人俊；兰令人幽；松令人古。”与人结交可以从这几个方面进行测试，自成一派也可从中认真着手，大概自然的风格汇入人的品性之后，就会更加有情有致了。关键在于你能否以其参考作为标准，来考那些你准备接近的人。

没有善行也没有恶行，根本就不知道善恶为何物的人，即是圣人。比如在唐尧的时代高唱着“帝力何有于我哉”的那些人；你对我好也罢，坏也罢，我都会以善良之心去报答；还有那些既不会给你，也不要你给的人，等等，都是这类人。

他们根本就没有什么善与恶的概念，只知道顺其自己的天性去做，日出而作，日落而息。没有丝毫的做作矫揉，就仿佛是那浑金璞玉，瑜瑕不掩。不管别人怎么样对待他，他总是一如既往地诚心对待任何人。因为他从来就没有任何善与恶的分别，没有好与坏的选择，没有得失与成败，没有荣辱与生死，所以完全没有痛苦与烦恼的感受。

相对来说，行善多于为恶的人，就算是贤良的人了。比如颜回从来就不重复犯自己的过错；而且一有不善，便自己进行反省；还如子路，只要听到人指责自己的过错，就十分欢喜。因为他们心里清楚，别人指出自己的错误，对自己来说是非常好的事情，可以使自己加以改正，从而成为一个完人。他们的生活目的不同，旨在做一个圣人。

尽管他们的心中有了善与恶，有了好与坏的选择，有了得失与成败，有了荣辱与生死，也有痛苦与烦恼，但是他们在努力地克服自己的后天不足，从而达到先天的完善。所以，他们也犯错误，却是善于发现过错，而且一有错误，便会加以改正。

知过必改，这就牵扯到一个知过的问题。自己之所以去做事，就因为认为那是对的，往往看不出其中的利害关系来。也只有旁观的别人，才能够看出来并且加以指出。所以，要想成为一个圣人并且完善自我的人生的人，是绝对欢迎批评的。

然而，为善少于作恶的人，便称之为庸人。因为他们不像颜回和子路那样敢于改掉自己的过错，所以永远挤不进圣、贤之列。圣贤的目的，在于认识生活的真实意义，并且觉悟真理，从而摆脱烦恼，进入自由自在的境界。释迦牟尼佛祖要“得大自在”，老子道祖要“无为而无不为”，孔子儒祖要“从心所欲而不逾矩”。

这三教圣人所追求的都是自由与自在的境界，自然也代表了人类征服自然和自身的一种本能愿望，所以被后世万代所景仰和崇拜，以至于形成了宗教。庸俗的人，本身就生活在烦恼之中，也不想加以摆脱。他们每天所干的事情，往往都是与达到觉悟、认识真理的宗旨相违背，自然也就不能够进入圣贤之流了。

只有作恶到底，小思为善的，才是小人。他们生存的意义，就是让别人活得不自在。即便是他们偶然做了善事，那要不是为了自己的私利，就是为了某个更大的阴谋。也就是说，要他们做善事是很难的。

因为他们生存的目的和意义，就在于与君子为敌。因为没有君子便不显小人，当然没有小人也不显君子了。君子因为小人才有存在的意义，也可以说是小人养活了君子。

老子的话说得很清楚了：

“绝圣弃智，民利百倍；绝仁弃义，民复孝慈；绝巧弃利，盗贼无有。”

庄子更明确地说道：

“圣人不死，大盗不止。”

因为社会出现了问题，有了为恶之人，所以为了保护群体的利益，便会有圣人出来进行教化，传播真理。

但是，也正因为有了圣人，才更显出那些恶人来了。在恶人看来，他们为恶就是在为善，他们的私利高过了一切。所以，即使在做善事的时候，他们也一定酝酿着一场更大的阴谋。

但是，我们要想过得好一些，就必须学会把那些恶人都看成是正常的人。善恶是相对的，如果善是正常的，那么恶也就是正常的了。就如那自然界中，有香花也有毒草一样，我们必须学会鉴别香花和毒草，分清恶人与善人，才不至于上当受骗。

所以佛家有云：我应灭度一切众生。灭度一切众生已，而无有一众生实灭度者。何以故？须菩提，若菩萨有我相、人相、众生相、寿者相，则非菩萨。能够做到这一点，也就真正得到解脱而成就仙佛了。

做自己的舵手

我相信一个人除非是对自己抱着一种理智上的诚恳态度之外，他便不能自在和快乐。

——林语堂《我为什么是一个异教徒》

许多人受信宗教，这大抵是可以理解的。因为活着的人总是畏惧死亡，敬畏死亡。而活在世上，除了吃喝玩乐富贵荣华的享受外，自然也要为自己“积阴德”，以期当故去之后在另一个世界里也能生活得更好，所以就要仰仗那个虚幻的上帝，天王老子或是真主阿拉了。

可是，如果为了崇拜自己所信仰的东西，比如宗教，或者金钱、权势的话，果真能让生活快乐无穷吗？对于前者，你大概还可以拥有善良的情感。虽然克制了自己的一些享乐，但至少有心灵上的平静和寄托。作为一位虔诚的教徒，这就是对你的奖赏。然而对于后者，却是很容易剥夺人们自由之身的，并且，让你今世痛苦且死后不得上天堂。

林语堂曾这样说过他自己是如何理智的对待人生“信仰”这个问题的。他说：

一日我与清华一位同事刘大钧先生谈话。在绝望之中我问他：“如果我们不信上帝是天父，便不能普爱同人，行见世界大乱了，对不对呀？为什么呢?”刘先生答：“我们还可以做好人，做善人呀，只因我们是人的缘故。做好人正是人所当做的咧。”那一答语骤然便把我同基督教之最后的一线关系剪断了，因为我从前对于基督教仍然依依不舍，是为着一种无形的恐慌之故。以人性（人道）之尊严为号召，这一来有如异军突起，攻吾不备，遂被克服。而我一向没有想到这一点，真是愚不可及了；由是我乃觉得，如果我们之爱人是要依赖与在天的一位第三者发生关系，我们的爱并不是真爱；真爱人的要看见人的面孔便真心爱他。我也要依这一根据而决定在中国的传教士哪个是好的，哪个是不好的。那些爱我们信教的人只因为我们是人，便是好的传教士，而他们应该留在中国。反之，那些爱我们不因我们是中国人和只是人的缘故，但却因可怜我们或只对第三者尽责的缘故而特来拯救我们出地狱的，都应该滚出去，因为他们不仅对中国无益，而对基督教也没有好处。

可见，他的醒悟是告诉我们，做一个人，对得起自己的本心，能够自由地控制愿意去构造的精神世界，就很好。

李白吟诗：“众人皆醒我独醉”，又道“自古圣贤皆寂寞，唯有饮者留其名”。也做不成官，发不了财，只好去喝酒，去当个圣人。这一类的大文学家——陶渊明、苏东坡、白居易、袁中郎、袁子才，都曾度过一个短期的官场生活，政绩都很优良，但都因为厌倦那种磕头的勾当，要求辞职，以便可以回家去过自由自在的生活。

另外的一位诗人白玉蟾，他把他的书斋题名“慵庵”，对悠闲的生活竭尽称赞的能事：

丹经慵读，道不在书；
藏教慵览，道之皮肤。
至道之要，贵乎清虚，
何谓清虚？终日如愚。
有诗慵吟，句外肠枯；
有琴慵弹，弦外韵孤；
有酒慵饮，醉外江湖；
有棋慵奕，意外干戈；
慵观溪山，内有画图；
慵对风月，内有蓬壶；
慵陪世事，内有田庐；
慵问寒暑，内有神都。
松枯石烂，我常如如。
谓之慵庵，不亦可乎？

从上面的题赞看来，这种悠闲的生活，也必须要有一个恬静的心地和乐天旷达的观念，以及一个能尽情玩赏大自然的胸怀方能享受。诗人及学者常常自题了一些稀奇古怪的别号，如江湖客（杜甫）、东坡居士（苏东坡）、烟湖散人、襟霞阁老人，等等。

孔子言，“道不行，乘桴浮于海”。如果人生理想不得实现，再不能让自己自由自在地去寻找快乐，岂不是虚度了此生？可惜，今人大多不明白这个道理，还在苦苦挣扎着。

孔子这句话道明了他洒脱的一面，如果大道不能行，那么就漂洋过海，另创乐土。同时，孔子又没有“生活在别处”，他认为人要高于道，如果浮海为乐，那么就浮海，总之无论道行与不行，无论人在哪里，自身的快乐最重要。

有了这一点，我们才能理解孔子在人生四大时期为什么都是快乐的：

少年时孔子无父，母亲也早死，他在自修中获得乐趣。

青壮年时孔子为官于朝，牛刀小试，已见大效，因此他很安慰，虽有诸多遗憾而不改本志。

中年时孔子周游列国，屡经风险，并最终失败，但他享受到了漂泊的快感与历练的乐趣。

晚年时孔子居乡为圣，一面研究古文化，一面教育弟子，生活中充满无尽欢乐。大道已行，就行在他自己身上。

孔子说："兴于诗，立于礼，成于乐。"就这样，他一步一步走出固有心田，一步一步走向成熟，成为一个快乐的人。

人的一生都是在接受别人智慧和经验的过程。与其让别人来洗脑，不如自己洗脑。自己洗脑后，人就会轻松、快乐，生活的新意层出不穷，越活越精彩。孔子说"齐一变至于鲁，鲁一变至于道"，就是"自己变"、"自己主导自己"的意思，从而达到"道"的境界。

坚守自己的志趣

我爱鸟而恶狗。这并不是我的怪癖，只是因为我是个中国人。我自然地有这种脾气，正和所有的中国人一样。因为中国人喜欢鸟，要是你谈到狗的事，他便会问你道："你讲什么呢?"

——林语堂《买鸟》

作为一个从晚清走向圣约翰大学研习西方文化的人，林语堂独有的可爱之处就是在他的文章中处处透露出的中国人的理想和矜持。他幽默的口吻和简洁的笔触，让人感叹、赞赏并信服。

语堂先生说，中国人爱鸟而恶狗，至少从清伊始，恋鸟情结便泛滥于世。古时有钱人家的阔太太们可以把猫抱在怀里当宠物，没有揽狗的，但无一例外的是每家总有几个精巧又价值不菲的鸟笼，里头装着同样有黄金钻石身价儿的各种珍禽，于是，名鸟成了"有闲"和"有钱"、"有权"阶级身份的标志之一。甚至，这种贵族"特性"还蔓延到今天。

你看看周围，爱鸟的人大都是热爱中国的古典文化，并且深信养鸟能让人颐养天年，是陶冶性情必不可少的道具之一。

除此之外，还有一类人几乎是天生爱鸟儿，那股子狂热劲头简直是打娘胎里带出来的，比如满族人，尤其是曾经有些地位的统治者。我有一位很亲密的朋友，他站在远处人们只望一眼便心底有了谱：是个满族人——粗而下耷的眉毛，细而长的眼角上翘的单眼皮眼睛，权鼻方口。就是这个人，他的血液里流淌着爱鸟的血，疯狂到为了鸟的安全准备杀掉每一只有威胁的猫的地步，真是让人不寒而栗了。

养鸟，可以当做嗜好的一种，而且是一种具代表性的中国文化。林语堂先生对养鸟也情有独钟，在现代的我们，能够坚守自己所想所爱的又能有几人呢？总不过是西方风刮来一阵儿，就忙紧跟着贴过去，生怕让别人指责自己落了伍。其结果在跟风中迷失了自我，弄丢了本性，变成“四不像”受到人们的嘲笑。

一个人的价值，不在于别人的评价和比较，而在于人们如何给自己的定位；人们如何对待自己的品位和乐趣，才真正决定了自己的价值，自己在别人心目中的形象是泛泛之辈还是气质独特，是名利禄者还是逸者名士了。

花园里有两朵花：玫瑰和不谢的花，它们总是互相赞赏着。

一天，不谢的花忍不住对玫瑰说：“我羡慕你的美丽和芬芳；你是上帝的宠儿，人类爱情的象征。”

玫瑰回答道：“我的荣华并不能长久，很快就会萎谢凋零，怎能比你永葆青春，花开不谢呢？你才是最令人羡慕的呢！”

每个人都有被他人羡慕的方面，每个人都有自己的价值所长，所以过好自己的生活就足够了，何必一味地去羡慕别人，模仿别人而失去了自己生活的趣味呢？

在短暂的人生中，一切浮华都是过眼云烟，发现自己的价值并实现它，才是人生的关键所在，这样的人生才是有意义的。

从前有一位富翁请了一个管家，这管家每天为主人到两里外的井中打水。管家用的是两只水桶，其中一只水桶完美无缺，另一只水桶则有一条小裂缝，因此每次即使管家把两个水桶盛满，回到主人家也只能得一桶半的水。

过了一段时间，那个有缺陷的水桶一直闷闷不乐，于是便对管家说："我感到非常地过意不去，因为每天你打的水都从我身上漏掉了一半，结果你不是遭主人责备，就是要多走几趟路打水，我是这样无用，为什么你还要用我?"

管家于是在下一次挑水时，请有裂缝的水桶看看。原来在路边长满了漂亮的鲜花，从裂缝中漏出去的水洒在鲜花上，浇灌出一条鲜花小径。许多时候，管家都会采撷这些鲜花去点缀一下主人的房间，令主人十分高兴。

管家告诉水桶，正是因为有漏水的水桶，他在路旁撒下些花种，在清清泉水的滋润下，不久路旁便长满了漂亮的鲜花。

所以，这只水桶虽然有缺陷，但同样能为世界增光添彩。你虽然平淡无奇，但也终会因为自己独一无二的坚持而让人们侧目、羡慕。现在的问题在于怎样才能把它的妙处发挥出来！怎样才能使得所喜所爱，烘托出你的志趣和品位。

就像林语堂先生，虽然精神里注入的是西方的文化，但却不离不弃地热恋着自己的血统。他不像那些满口"OK，OK"的"假洋鬼子"，认为只要是外国的就一切都好，中国的一切都是将淘汰的东西一样。正是他这种坚定不移地坚持，才能够散发出一种精彩的韵味来，吸引着你我的心灵不停地向他接近着和靠拢着。

也许你觉得坚守自己的志趣很难，那么不妨看看林语堂先生在《买鸟》一文中的几段话。

我跑上一家点心店里去，那时过午不久，时候还早，楼上空着。

"来一碗馄饨。"我说。

"这些是什么鸟?"一个肩上搭着一条手巾的伙计问。

"来一碗馄饨和一碟白切鸡。"我说。

“是，是，是会唱的?”

“唱，白切鸡能唱吗?”

“是，是，一碗馄饨！——一碟白切鸡!”他向楼下的厨房嚷着，或者不如说是唱着。

我记得很清楚，上一次我从城隍庙带着鸟笼回来的时候，车站里的办事员特意是出来看我的鸟。这一次他没有看见，我也不想故意引起他的注意。可是当我踏上汽车的时候，车夫的眼睛看到我手提的小笼子了，果然不出所料，他的脸孔顿时松弛了下来，他当真也变成小孩子似的，正像上次买鸟时候的车夫一样。他对我十分和善，打开话盒，我们谈话谈得很远。到了我家里的时候，他不但将养鸟和教鸟唱歌的秘密都告诉了我，并且连云飞汽车公司的全部秘密都说了出来，他们所有车辆的数目、他们所得到的酒资、他整个童年时代的历史以及他不喜欢结婚的理由。

现在我晓得了，假使我有一天须现身在群情激昂的公众之前，想要消除一群恨我入骨欲得我而甘心的中国民众怒气的时候，应该怎么办了，我只需提个鸟笼出来，把一只美丽的玉燕，或是一只喜唱的云雀给他们看。你瞧吧，要比救火水龙、催泪弹或是炸弹的效力还要神速，比德谟士但尼斯的一篇演说还要神通广大，而且结果我们大家都可以结拜为把兄弟。

肯定自己，热爱自己，乐在其中，那么整个世界都会被你的激情所感染，然后奉你为主角。

为别人的幸福努力就是你的天堂

它告诉我们，无论人类在思想行为上怎样尽了力，一切知识的最终目的为人类的幸福。

——林语堂《人生的归宿》

人生而有私，这是本性，如同张口要东西吃，躺下要床褥睡一样。然而，要想超越自然的境界，走向更高尚的人格殿堂，则非要冲破本性的束缚不可。因此，你需要时时刻刻去告诫自己的灵魂：为他人，而不是为自己。

林语堂说，“人生的标准在吾们是一种种族的思想，无言辞可表，毋庸予以定义，亦毋庸申述理由。它教导吾们几种简单的智慧，如尊敬长老，爱乐家庭生活，容忍性的束缚与忧愁生活。它使我们着重几种普遍道德像忍耐、勤俭、谦恭、和平。它阻止狂想的过激学理的发展而使人类不致为思想所奴役。它给我们价值的意识而教导我们接受人生的物质的与精神的优点。它告诉我们，无论人类在思想上行为上怎样尽了力，一切知识的最终目的为人类的幸福。而吾们总想法使我们在这个世界上的生活快乐，无论命运的变迁若何。”

这是一种智慧，悠久而纯净，不是吗？早在两千多年前，老子就用很干脆利落的话跟我们说，天地之所以能长且久者，以其不自生也，故能长生。

天长地久，天地所以能长久存在，是因为它们不为了自己的生存而自然地运行着，所以能够长久生存。因此，有道的圣人遇事谦退无争，反而能在众人之中领先；将自己置之度外，反而能保全自身生存。

人是社会的人，人不能太自私，只有无私的人，在成就了别人的同时，也会成就自己。人活着，是一个相互扶持、相互成就的过程。

这种无私的美和崇高不是孤立的个体所能创造出来的，是生命相互依赖和碰撞的火花。无论什么生物一旦失群了，便不知所措，大都伸长了脖子茫然四顾，发出凄凉的叫唳，寻找自己的伙伴和群落，那是最动人心魂的。

植物也是如此，杨柳林、白桦林、松树林都有自己的群落。老家在长白山和兴安岭被称为树木之王的珍贵树种——红松，树干笔直如栋梁，树冠亭亭如伞盖，正直、正气如人中君子，大都是一个或几个或十几个山头连成一片，蔚然成林。

因此，动物和植物亦不如荀子言“人能群，彼不能群”，只是两种“群”。本性不同而已。树木的群，是种群对气候、土壤等条件的选择；动物的群，也同样是追逐原始的生存条件。是本性的追求，一种本能。本能，来源于感觉，于动物则是正常，不是思维后的选择；植物没有感觉，只是适应。总之，没有辨析和选择，无须思想的引导。人则不可以，所谓跟着感觉走，不过是一种游戏而已。

人不同于其他生命物质的，是他的社会性。哲人说，社会是人与人关系的总和。

人类社会发展到今天，进入信息时代，空间距离缩小了，有人说，人类生活在同一个地球村。妙就妙在这个“村”，同在一个村里，互相间便近得多了，联系和来往也便频繁方便，让人越发感到“人能群”了。

人与人的关系，是一个复杂的存在。有原始的自然的亲缘关系，还有由政治、经济、宗教、同乡、同学、同志等因素影响而形成的关系。有些在生活中明显地凸现出来，让人感知；有些并没有特别地表现出来，如果说存在，也是一种隐形的存在。总之，人际关系总是客观地存在着。

爱因斯坦说：“人是为别人而生存的——首先是为那样一些人，他们的喜悦和健康关系着我们自己的全部幸福；然后是为许多我们所不认识的人，他们的命运通过同情的纽带同我们密切结合在一起。我每天都上百次地提醒自己：我的精神生活和物质生活都依靠着别人的劳动，我必须尽量以同样的分量来报偿我所领受的和至今还在领受着的东西。”

因此，他的无私和博大使其成为一代伟大。

人，其生也柔弱，其死也刚强。只要为他人的幸福愿意无私地奉献绵薄之力，就会超脱死亡的残酷剥夺，抢回人生尽头随风而逝的人们的思念，而以一种甩掉物欲肉体的纯精神的形态，永生于天地之间。这是上帝在天堂里接见你的唯一通行证。

放飞心灵

一个人不一定要有钱才可以旅行，就是在今日，旅行也不一定是富家的奢侈生活。总之，享受悠闲生活当然比享受奢侈生活便宜得多。要享受悠闲的生活只要有一种艺术家的性情，在一种全然悠闲的情绪中，去消遣一个闲暇无事的下午。正如梭罗在《瓦尔登湖》里所说的，要享受悠闲的生活，所费是不多的。

——林语堂《悠闲生活的高尚》

有人说，幸福是件很困难的事。没有车，我们不能去野外郊游，没有别墅，夜晚睡在帐篷里该多么危险？没有名贵聪明的爱犬，到哪个地方玩儿会感到愉快和心兴？而这一切的一切，都必须依靠很重要的工具——钱啊。可是，为了这个东西，日复一日，年复一年地奋斗在工作岗位上。然后疲惫了，苍老了，慨叹光阴似水，年华虚度了，这又为了什么呢？

我们知道，旅行应该是件幸福的事。林语堂先生说，如果你有了钱才愿意去享受幸福的滋味，很可能什么都得不到。

我们好多人在追求个人幸福途中，经常被许多身外之物所累，造成在迈向幸福目标时的举步维艰。所以，不要把自己的东西看得太重，放下一切吧。没了就没了，大不了重新创造一个，也许在重新创造的过程中，反而会发生一些有趣的故事，让人生更加精彩！所以应对一切都应该做到放得下，无所谓，凡事看到好的一面，往好的方面想。天下没有免费的午餐，上苍也不会亏待你，关键是你自己怎么看。既要珍惜，又要放得下；既不要放弃，也不要强求。本来无一物，何处惹尘埃。

更何况声名权钱色，都是身外之物，化身而为各种形态，诱惑人类。不理它，它就无所施其技，我们也就少却许多自寻的烦恼。

当我们为名利激烈角逐的时候，当我们为琐事患得患失的时候，我们的心在红尘中已经迷失了方向，失去了可贵的灵性，为物欲横流的社会所主宰时，给心灵一个空间吧，放飞我们的心灵，让人性在放飞中回归，让冷漠在放飞中感动……

要快乐要自在就让我们的心灵化作一只雄鹰，搏击于蓝天白云下，去感受天宇的广度和浩瀚；让心灵化作一叶小舟，轻柔地飘在茫茫深海，去感受大海的深度和博大；让心灵化作一缕轻风，漫步于田野山冈，去感受大地的厚度和宽容。当心灵拥有了广度、深度和厚度时，才能获得洞穿世俗的睿智，平和内敛的气度，闲庭信步般的超然，最终感悟到生命的高贵和富有。

是啊，金钱不能带来所有的愉悦，功名之类的身外之物也不能带来永恒的快乐。唯有放飞我们的心灵，才能品味最有诗意的人生。

放飞心灵，让心灵远行，从此不要再沉湎于过去，不再徘徊于往事中。放飞心灵，让风儿带走所有的忧愁，让白云捎走所有的烦恼，从此不再忧郁，变得豁达，开朗。懂得欣赏，学会宽容。用平静的心态接受真实的自己，罩着薄纱的别人。

生活总不是那么一帆风顺，总会有许多十字路口，向左走或向右走，无论你选择哪条路，都是你自己的选择，都是人生的一种态度，都要勇敢地朝前走。只要心中装着一片宽阔的天空，相信没有迈不过的沟沟坎坎。

抬起头，朝前走，前面等待你的必定是一片明朗的天空。

放飞心灵，不再守着一方小塔，而去拥抱整个世界、整个宇宙，等到可以“宠辱不惊，去留无意”时，人生便已完美！

第四章

刚柔并济：品读林语堂的处世姿态

不管你的面孔是多么千变万化，总归要在这世上扮演着不同的角色。黑、白、红、青、忠、奸、善、恶，只要稍不留神，就有从神位被打落到地狱的危险。所以说，处世要刚强但不能执拗，要柔韧但不要懦弱。林语堂说，“半帆张扇免翻颠，马放半缰稳便。”就是让我们半刚半柔半悠闲，即过得要有个性而又从容。

忍耐失败能换得另一个乾坤

> 中国和平主义的根源，就是能忍受暂时的失败，静待时机，相信在天地万物的体系中，在大自然动力和反动力的规律运动之下，没有一个人能永远占着便宜，也没有一个人永远做“傻子”。
>
> ——林语堂《生活的艺术》

人的一生之中，不可能什么事情都是一帆风顺的，总会遇到各种各样的困难、挫折，无论是来自自身的，还是来自外界的，都在所难免。能不能忍受一时的不顺利，这就要看你是否有雄心壮志。一个真正想成就一番事业的人，志在高远，不以一时一事的顺利和阻碍为念，也不会为一时的成败所困扰。面对挫折，必然会发愤图强、艰苦奋斗，去实现自己的理想，成就功业，这是一种积极的人生态度。困难正是磨炼人意志的最好时机，只有经受了困难挫折考验的人，才能成大事。

传说在尧的时候，天下洪水泛滥，大水冲毁了田园房屋，人们只能逃到树上和山中去居住，无法种植庄稼。作为部落首领的尧心急如焚，他决心治水，但因年老，所以只能苦心寻找能降服洪水、为民造福的能人。禹是颛顼的孙子，他勤奋敏捷，聪明能干，深受民众喜爱。接受了尧的命令之后，大禹和伯益、后稷开始了治水的工程。而此时禹才刚刚成婚 4 天，他毅然告别新婚妻子涂山女，投入了治水大业。在禹之前，他父亲鲧也曾治水，鲧采用沿河堵截，拦水筑坝的方法治水，在水患不太严重的时候还行，但一有大水，则无济于事，所以治水 9 年，一事无成，最后被杀了。禹面对这种艰难的局面，不气馁，不后退，认真总结了父亲治水的经验和教训，虚心地向有经验的老人请教，慢慢地摸索出了疏通河床，开渠凿道，把水引入大海的办法。

然而，治水谈何容易！当时人们不知道河水的源流、走向和地理环境，怎么去疏导洪水呢？于是大禹亲自带人跋山涉水，与野兽斗，与恶劣的自然环境斗，考察山川形势，克服了各种难以设想的困难，总算制定出了制服洪水的方案。

但是治水依然无法进行，一些异族部落如三苗，不听劝说，拒不合作治水，成为治理水患的严重障碍，面对此种状况，大禹只好发动战争，征服了三苗。扫清了治水障碍以后，大禹夜以继日地与治水群众一起大干。有一次禹路过家门，本想去看一看离别几年的妻子，这时从远处走来了一群扶老携幼的灾民，禹看见了以后，毅然转身离开，赶往别处治水去了。就这样，历经失败、成功。大禹治水 13 年，三过家门而不入，最后终于消除了水患。

面对一次又一次的困难，大禹没有被挫折吓倒，而是坚定不移，吃尽百般苦，才换得人民拥戴他为王。

古人认为，人的一生之中，遇到挫折是正常的，对于挫折，要勇于接受，不能因为遇到一点困难，就怒气冲天，不能忍耐。在《论语》中，孔子说："一时发起怒来，不顾自身和亲戚。这难道不是因发怒而忘记了自己的安危吗？"

对此，《孟子》也说："北宫黝守养自己的勇猛，觉得有一点打击就好像在大庭广众之下受到了侮辱。他平常不理睬平民百姓，也不害怕大国国王。哪个诸侯攻击他，他就马上加以还击。”

人的一生谁没有挫折？有几个是一帆风顺的？自古以来，凡成大事者，无不屡受挫折。他们全都以自己大无畏的勇气，战胜了挫折。文王拘而演《周易》；仲尼厄而作《春秋》；屈原放逐，乃赋《离骚》；左丘失明，厥有《国语》；孙子膑脚，《兵法》修列；不韦迁蜀，世传《吕览》；韩非囚秦，《说难》《孤愤》《诗》三百篇，大抵圣贤发愤之所作也。

面对挫折、打击、磨难，应该是沉着应对，不能被这些困难所压倒。忍受挫折的一种方法是发奋东山再起，而不是由此沉沦。确实是为人处世的大道理。

然而，在有了痛苦的遭遇后，如果能够忍受失败的痛苦，克服遭受挫折以后的消沉；总结经验和教训，努力奋斗，那么摆脱遭受挫折后的困顿是必然的。

在受到挫折、困厄时，暂时隐忍，修身养性，冷静地分析一下自己失败的原因，听一听他人的意见，也是忍受挫折的一种方法，更是你重燃信心的动力。林语堂先生说，世上永远没有只占便宜的人，也没有永远的傻子，除非是你心甘情愿去当，那谁都无话可说了。

热爱我们的工作

有山林隐逸之乐而不知享者：渔樵也，农圃也，缁黄也；有园亭姬妾之乐而不能享、不善享者：富商也，大僚也。

——林语堂《乐享余年》

几乎所有的人都会赞同工作只是日复一日地受难的说法，或许你以前非常憧憬现在的工作，因为它既是你体面地位的认证书，又可以赚取钞票过自给自足的小日子，还可以结交一大帮志同道合的朋友，时不时出去“腐败”那么一下子，真是想想都能把人给美死。可是，等到真正谋到了那个曾经令你魂牵梦萦的位置，你不禁傻了，怎么一切都变样儿了呢？

其实，并不是工作的错误，错的是你的心态。即使是再感兴趣的事情，只要变成了谋取身上衣口中食的工作，都会顿失花颜之色，这是你的心境使然。

林语堂刚刚创办幽默刊物《论语》的时候，他作为主编前十期的刊物都是义务劳动，他也并无怨言，皆因乐在其中。他没把工作当成追求物欲的工具，而是津津有味地体会着工作的乐趣，发自内心的开心。有一句话是这样说的："我以美丽的心情工作，至死方休。"

然而，当代人们的想法却正好相反，无论是物品的价值或是对于人的评价，都以金钱来衡量，愈贵的东西就被认为愈有价值，愈有钱的人就愈伟大，可以说是一种拜金主义。也就是说，所有的东西都用金钱来衡量，作为标准。

在某些方面，的确是不得不那么做。譬如说：国家征税，编列预算的，就不得不用一个人的所得来加以课税，这种情形下，金钱只是一个单纯而又方便的标准。

问题是世上的人如果都成了拜金主义者的话，那么除了金钱以外，就再也没有东西能作为判断价值的标准了。

然而，人们又认为努力工作赚钱是很愚蠢的，他们想要借着买彩票或赌博等发大财，妄想着不工作就可以轻轻松松赚到许多钱。

如此一来，不但勤劳的精神日益淡薄，工作的价值也不存在了，甚至失去了生命意义。

有人认为今后的世界必须以安定、安全、安心的三"安"为主，才能有所发展。

所谓安定，就是要使经济生活常保持安定，实行保险或社会福利工作，创造一个老有所安的社会环境。

所谓安全，就是指健康，不使人们在生命终止前受到任何意外事故或伤害，造就一个安全、和谐的社会。

所谓安心，就是指精神上无忧无虑，如果不能做到安心的境界，那么前面两个"安"也将失去其意义。也可以说达到安心的境界，就自然而然地拥有了"安"。

我们如果想早日脱离不安的状态，过着安心的生活，就必须经常留心，注意学习，以拥有精神上的独立自主。然后才能够搞明白你究竟该用何种态度去努力，去工作，去享受，去换取最大的自由。

要活着就必须工作，要愉快地活着更得有工作。工作除了能得到报酬外，还能带给我们生活的意义，让我们充实，使我们觉得生活有几分价值和温馨。

一个人的尊严，并不在于他能赚多少钱，或获得了什么社会地位，而在于能不能找到一个适合自己的工作岗位，开开心心、兢兢业业地安心工作，过有意义的生活。人们各做各的事，各有不同的生活方式。生活虽然不同，可是每个人都能发挥自己的天分与专长，并将自己投入于创造的快乐之中，与社会大众共享，领悟自己的人生价值，这是现代人所最期望的。

有人认为事业有“适合时代”与“不适合时代”、“能赚钱”和“不能赚钱”的区别，说某种事业是“夕阳事业”，某种事业是“朝阳事业”。从某种角度看，这种说法也许是正确的。

欲享受工作之美的要素之一就是专心，也是敬业。因为敬业的人一定乐业，乐业的人必然成功。在乏味、被动的情况下，你不可能提高工作品质，也不可能在工作上发挥创意。敬业的人有一种认真的态度和坚持的习惯。古人提倡“一日不作，一日不食”，勤勤恳恳地把工作做好，把工作当做与生命意义密切相关的问题来看待。也正因如此，敬业的人，一生都绽放着活力和光彩。

工作，它充满了浓厚的人情、热情、欢情。一个没有人情，缺乏温情，极少热情，不知欢情的人，他可能有工作，但他没有朋友，性格孤僻，难以聆听到工作中那美妙动人的旋律。一位心理学家说：“对一个喜欢自己工作并认为它很有价值的人来说，工作便成为生活中一个十分愉快的部分。”

对热爱工作的人来说，工作就是人生的第一要义。工作使人振作、朝气蓬勃，但前提是他必须具备敬业的态度才办得到。敬业的人，经常忘记辛苦，忘记成败，忘记得失，他全神贯注地工作，一心一意把工作做好。套用《中庸》的一句话说：“至诚则灵。”在如此投入的状态下，工作不但有效，而且很容易发挥创意，把事业带到一个超然的境界，使人感受到一种精神的享受，感受到一种情操的升华，感受到一种人格的锤炼。

热情是吸引你步入成功的恋人。你要想大展宏图，就应该像热爱恋人一样热爱工作。同时，一经确定目标，就要定下心来，且学习去热爱那些不喜欢的工作。

热爱工作是事业成功的基本条件。上网聊天的人通宵达旦、乐此不疲，关键就是兴趣所在。工作也是这样，如果不感兴趣，就不会产生热情，精神与肉体都容易疲倦。这样的话，不仅不会做出成绩，对身心也都是一种损害，这应该说是一种人生的不幸。反之，对工作具有兴趣和爱心，就不仅会积极热忱地工作，同时也会从工作中享受到很大的乐趣。真正的幸福就是能主动培养工作兴趣而愉快地工作。

所以，如果你还宠爱自己的心灵的话，就不要对它太过苛刻，而是指引它去热爱工作吧。你会发现，一切都会变得有趣和简单、充满生机。

知人与自知

我们只有知道一个国家人民生活的乐趣，才会真正了解这个国家，正如我们只有知道一个人怎样利用闲暇时光，才会真正了解这个人一样。

——林语堂《人生的乐趣》

了解别人是一种很需要技术的艺术活儿。就像一个面团儿，有的人能把它搓成艺术品，可它到了莽汉笨汉手里，就只能被鼓捣个丑八怪出来，或者十天半月还只能以面团的最原始姿态留在人世间。这种技艺，是很容易做的，只要不是残疾，几乎人人都有能力去完成，不同的是，一些人有的是能力，一些人有的是潜力、资质而已。

知人知己，恐怕是这个世上比较困难的事情，要将它学好，绝非易事，而是一门博大精深的学问。

世界上最复杂的是什么？是先进的空间、生化技术？是最绝的杂技表演？不，都不是，这个世界上最复杂、最诡异的是人，是人的心。

所以，在我国就有“画虎画皮难画骨，知人知面不知心”、“人心难测，海水难量”，说起最可怕的事情，也往往不是豺狼、虎豹，而是“人情反复”。

所以，老子告诉大家：“知人者智，自知者明。”

老子说，只有一方的“知人之智”不行，只有另一方的“自知之明”也不行，而应当合起来，既有知人之智，又有自知之明，这样就可以在人际关系中做到明智了。

善知人者，甚至可以建邦、治邦、安邦、得天下。刘邦何以能灭“力拔山兮气盖世”的西楚霸王项羽？原因之一就在于他能知人、用人：“运筹帷幄之中，决胜千里之外，我不如张良；镇定国家，稳定后方，安抚百姓，源源不断地供给军饷，我不如萧何；统率百万大军，冲锋陷阵，战必胜，攻必取，我比不上韩信。此三人可谓当今豪杰，天下奇才。但是，我能悉心委用，所以能得天下。”李世民为何能治出一个世人皆赞的“贞观之治”？重要原因亦在于知人、用人：“自古帝王多嫉妒才能胜过自己的人，而我看见别人的长处，就和自己的一样高兴。无论何人都不可能十全十美，我往往能弃其所短，而取其所长。有的帝王爱贤者恨不得抢在怀里，憎不肖者又恨不得推入沟壑；而我对贤者很尊敬、重用，对不肖者也能可怜他，使两者都能各得其所。自古帝王多厌恶正直之士，或者公开杀害，或者暗中杀害；而我从即位以来，正直之士，比比皆是，立满朝堂，而我不曾罢免过一人，也不曾给一人治罪。自古帝王皆看重汉族，看不起少数民族；而我独独能一视同仁，一样爱护关怀，所以他们都把我看成父母。这五件，就是我能够建立这么大功业的原因啊！”

可见，知人如果做好了，是必有一番大作为的。但是，如何才能很好地了解他人呢？

知人是一门很高深的学问，如果你也有这种功夫，那么就不怕总是不小心碰上心术不正的“坏人”了，不过那种看人的功夫不是一朝一夕就能够领悟得了的，而且，你还不一定会有耐心去学。可是我们每天都要和许多不同性情的人共事、交往、合作，把好人看成坏人对自己来说没有太大关系，但若是把坏人看成好人，那对自己的伤害可就太大了。对“看人”、“知人”没有一点能力还真是不行的。

那么我们要如何来看人呢？当然，就得靠那句古话“路遥知马力，日久见人心了”。

我们要学会用“时间”来看人。所谓用“时间”来看人，就是指通过长期观察，而不是在见面之初就对一个人的好坏下结论，因为太快下结论，会因你个人的好恶而发生偏差，从而影响你们的交往。另外，人为了生存和利益，大部分都会戴着假面具，你所见到的是戴着假面具的“他”，而并不是真正的“他”。这是一种有意识的行为，这些假面具有可能只为你而戴，而扮演的正是你喜欢的角色，如果你据此判断一个人的好坏，并进而决定和他交往的程度，那就有可能吃亏上当或气个半死。用“时间”来看人，就是在初次见面后，不管你和他是“一见如故”还是“话不投机”，都要保留一些空间，而且不掺杂主观好恶的感情因素，然后冷静地观察对方的行为。

一般来说，人再怎么隐藏本性，终究要露出真面目的，因为戴面具是有意识的行为，时间久了自己也会觉得累，于是在不知不觉中会将假面具拿下来，就像前台演员一样，一到后台便把面具拿下来。假面具一拿下来，真性情就显露了，可是他绝对不会想到你会在一旁观察他。

用“时间”来看人，你的同事、伙伴、朋友，一个个都会“现出原形”。你不必去揭下他的假面具，他自己自然会揭下来向你呈现真面目，展现真实自我的。

用“时间”特别容易看出以下几种人：

其一，不诚恳的人。因为他不诚恳，所以对人、对事会先热后冷，先密后疏，用“时间”来看，可以看出这种变化。

其二，说谎的人。这种人常常要用更大的谎言去圆前面所说的谎话，而谎话一说多说久了，就会露出首尾不能兼顾的破绽，而“时间”正是检验这些谎言的利器。

其三，言行不一的人。这种人说的和做的是两回事，但通过“时间”，便可发现他的言行不一。

事实上，用“时间”可以看出任何类型的人，包括小人和君子，因为这是让对方不自觉地“现出原形”的“检验师”，最为有效。

既然已经学会了如何去“知人”，那么“知己”又当是何种心思呢？

我们就再来说说张良。他不但有才华，人际关系也处理得相当好，刘邦开国的三大功臣中，韩信最后被杀了，萧何也几次被刘邦怀疑过、惩罚过，而张良没有遇上这些事情。这就归功于他既有深邃的知人之智，又有高超的自知之明。

他有深邃的知人之智，凭借这一点，他善于处理人际关系，善于出谋划策，因此帮助刘邦建立了许多功业，功劳很大。

但是他又有自知之明，自己知道虽然功劳大，但不应该去和别人争功，处处感到满足，因此他从不居功自傲。正因为他有自知之明，所以心态很好，说：“自己凭着三寸之舌成为帝王的军师，封得万户侯，这是平民所能达到的最高点了，这对于我张良来说已经很满足了。我愿意抛弃人间的事情，随着赤松子去漫游。”于是他就学辟谷，学导引，功成身退，隐居起来，实现了他一个美好的、成功的人生！

再来说说萧何，他是刘邦的得力助手，被刘邦看做如同自己的左右手一样重要。萧何很会处理他和刘邦的关系，他十分了解刘邦，也了解自己，他是把人际关系作为学问来研究的。

萧何本来是沛县的功曹掾，通晓法律，大概因为法律也是研究人的学问。所以他当然对人际关系研究得很精通了。刘邦为平民时，后来做亭长时，萧何曾多方保护帮助他，因为有知人之智，他看到刘邦绝非寻常之人。萧何后来为刘邦夺取天下立下了奇功，被封为相国。

萧何很会琢磨人际关系的变化，并在变化中把握、处理人际关系。朋友、敌人的关系也会发生变化的，要善于观察到关系的变化。

他自己和刘邦的关系也是这样，在变化中调整与刘邦的关系。刘邦在外面打仗，平定陈稀的叛乱，听到韩信被杀后，拜萧何为相国，加封五千户，并给了他一支特别的卫队，由五百名士兵，还有一名都尉组成。大家来贺喜，但有一个叫召平的人不这样，他对萧何说："你将要有大祸了。皇上在外边辛辛苦苦地打仗，你留守关中没有危险，为什么反而增加你的封地，还要给你配上卫队？这是因为韩信在京城谋反，刘邦也开始怀疑你了。希望你坚决地推辞掉，不要这些，还要把全部家产捐出来作为军费，这就会使得皇上高兴，不怀疑你。"萧何有自知之明，也了解刘邦是个什么人，就听取了建议，巧妙地调整了他和刘邦的关系，还多次捐出自己的财产作为军费，于是，刘邦就有放过他的意思了。可见，自知不但可以保官爵，还可以保全性命呢！

看来懂得做人处世的道理，还是首先要"知人知彼"，才能"百战不殆"，才能打得一个又一个漂亮的胜仗！

像水一样柔和，但不要是污水

中国人的美德是静的美德，主宽主柔，主知足常乐，主和平敦厚；西洋之美德是动的美德，主争主夺，主希望乐观，主进取不懈。中国人主让，外国人主攘。外国人主观前，中国人主顾后。

——林语堂《无所不谈·论中外之国民性》

我们中国人从小知道这样的道理：最尖利的刀刃是容易折断的，最高大的树木往往会招致斧头的猛砍，所以大家都在一次次的摧折中沉默了，柔静了，也终于明白古人云“上善若水”的道理。

水是最普通、最柔和、最看似无侵无害的。然而，也是最具毁灭一切力量的，于是我们深深地崇拜着、遵循着、学习着。

关于我们的生存方式，林语堂在作了一番分析后，总结一句：“东方之道，让然后得；西方之道，攘然后得。”

这是阴柔文化和刚性文化的比较。我们知道林语堂在小说《庸人街》里也进行了这种比较，同时得出了要以中国文化的人性精神和柔性智慧调和西方文化阳刚精华的结论。林语堂认为，中国人还要学点西方人的法治意识，这就是抑阴补阳的需要。

显然这种文化调和观念承认阴性文化有其优越之处，其优越性到了今天愈益明显。“到了今天，欧洲人要学会对人生、对他人比较宽容的态度以及和平精神，才不至于同归于尽。”阴柔之物不同平常。阴性是母性。母性博大、深厚，它的力量潜藏在内部和深层，表现出无穷的涵容性，持久的承受力、支持力和点滴积累的征服力。这便是“柔弱胜刚强”的道理，是“天下之至柔，驰骋天下之至坚”的道理，道家崇柔，崇柔则抑刚。老子曰：“人之生也柔弱，其死也坚强……故坚强者死之徒，柔弱者生之徒。”“强梁者不得其死。”“反者道之动，弱者道之用。”

如若将强、柔二字比之于男人，阴柔是女性。女性从来比男性更能承受苦难，化解痛苦和不幸，更能坚持和默默努力，寿命更长，也总是最强的男性的主宰者，其风韵、其温情可谓无坚不摧。面对困境，女性的柔中之刚总能得到充分的发挥，让男人大吃一惊，刮目相看。因此，若在危机之时，往往会涌现出大批女英雄。比如北朝的花木兰，宋仁宗时的杨门女将，韩世忠的英雄夫人梁红玉，以及近代乱世的豪杰赛金花，等等。

林语堂小说《朱门》的主人公柔安名如其人，平时给人温婉柔弱的印象，送遏云逃出西安时的果断勇敢才第一次显露出她的另一面。不过对她来说，真正严峻的考验还在同爱人李飞分手之后。父亲的突然去世，叔叔的辱骂驱逐，都未能将她压倒。她怀着孩子来到兰州，租房住下，一边教课维持生计，一边从容不迫地为分娩作着各种准备，等着李飞的消息，等着他从新疆归来。坚定、沉稳、自信，她终于安全生下孩子，回到亲人身边后又与爱人重逢。李飞随着战争结束，远途归来，眼看一场人生大戏落了幕。但他知道自己不在的时候，家里演出过一场更大的戏剧。“他是一切事件的主因，却被一个女人的力量挽救了。”“现在他深深学到了有关男女的一课，女性比男性更能面对生命的波折。”他发觉，他身为男人，也算得上作家，比起柔安来，只在生命中串演着微不足道的角色。小说还写到另一个女子春梅的精明能干，委曲求全，准确地把握自己的行动和命运。她后来也得到了属于自己的那一份幸福。最奇妙的是，林语堂在小说《奇岛》里设计了一个世界上独一无二的“男性心灵抚慰学院”，专门招收女学员，培育和发展她们原有的引导和造就好丈夫、好男人的天赋能力。

如若以强、柔二字比之于物，阴柔是水。“智者乐水，仁者乐山”，水之可取之处真的甚多。老子、孔子和孟子皆赞水，是因为水有“根本”。按庄子的说法，“水乃天德之象”。因为水“纯粹而不杂，静一而不变，淡而无为，动而以天行，此养神之道也”（《庄子·刻意》）。老子谓“上善若水”。水作为阴柔之德的象征，理由之一是：“水善利万物而不争，处众人之所恶，故几于道。”他看出水的力量来了：“天下柔弱莫过于水，而攻坚强者莫之能胜也。”这也印证了“水滴穿石”的学说。总之水能容万物，居下不争，外弱内强，积而成大。林语堂也经常从这个角度赞美水。认为水给了他生活和事业的莫大启发，使他能够始终以一种平和的心态在乱世中享受一个人的幸福。

所以，对一个人而言，个性偏于阴柔者往往会取得与众不同的大成就。这种人也许有才华，但不外露；没有如火的激情和冲天的壮志，但稳重扎实，认准了一个目标便百折不回。这种人常常较为内向，而且表面上有胆小、怕事、腼腆、害羞的毛病，使人容易将他误认为弱者，其实这种人特别有自尊和不受拘囿。更奇怪的是，这种人很多都是天赋平平和外貌平平者，他有限的天赋，他曾经被侪辈不断超过和被众人长期漠视的经历，与他最终的辉煌成就形成有趣的对比。他的内向，他的不出众，决定了他未成名时引不起人们的关注和好感，不会有人平白给他什么机会和帮助。他全靠自己，他需要付出更多，他的成功来自一点一滴的拼搏。从这种人身上，我们也许可以归纳出几条人格力学原理。可也要警惕人柔而成懦，软如一摊泥，这就一文不值了。总之，温柔、安静、平和而内力强韧是这种人的整体性特征。

但是，如前所说，阴柔文化又容易产生流弊，特别是中国人，不少柔性品格容易而且早已被过分强化。于是坚韧生出麻木，平和生出惰性和冷漠，忍耐积成得过且过的恶习；宽容牺牲了原则，取消了社会公德、高尚情怀和应有的正义感；智慧降格为精明，退而为钩心斗角的阴谋诡计；贪婪自私孕育出腐败堕落的社会，阴湿懦弱滋生了猥琐卑贱的人格。这样，社会上人气渐失，阴气渐浓，鬼气森森，文化和人文环境皱缩成一块湿乎乎、软绵绵、脏兮兮的抹布，碰上它时，正如郭沫若的《凤凰涅槃》所说，就是一把金刚石的宝刀也会生锈。为什么中国人害怕透明，害怕公开竞争，害怕当面交锋，而喜欢暗室操作、幕后交易和冷箭伤人？为什么在中国，你经常碰上的都是软钉子，不疼，不起包，但痒，痒得无从抓挠，痒得心里难受？为什么中国少昂扬激烈、慷慨悲歌之士，而多破靴党、二丑和各种各样的小爬虫？

林语堂说，如汤圆、如面条的人倒被看成有修养的人。颜习斋的议论专对读书人而发，说白面书生，率柔脆如妇人女子，求一豪爽倜傥之气亦无之。社会的进步首先靠人的进步。还是梁任公的话：“苟有新民，何患无新制度，无新政府，无新国家。”中国人身上的阴柔品格，不是不让你用，而是一定要当心切勿走得极端，否则就没有了能支撑得起你的骨头了。而人生若此，还不如不活。

给自己一个柔性天下

小汤姆在学校面对美国同学的挑衅，嗤之以鼻，不屑一顾。在送衣服的路上遇到顽童们的袭击，忍住怒气，主动避开。这件事在家庭中引起争论：洋化的哥哥认定，唯一的办法是跟他们打；冯老二和冯太太坚决予以反对。冯太太平静而有力地说："为什么要这样小题大做呢？如果这条街不好，不要从那里走就是了。这不是很简单吗？美国人有美国人的方法，我们中国人也有中国人的方法。这就是我们生存的方式，也是我们中国人的待人处世之方。"

——林语堂《唐人街》

中国人在待人处世中，最明显的人生态度、处世方式表现为在逆境中的暂时忍耐，在巨大的无法克服的障碍面前迂回前进，在瞄准目标以后不声不响，一点一滴地坚韧努力，在待人接物上谦让、随和和不计小过，在着眼未来和深谙谁笑到最后谁笑得最好的奥妙，在甘居于适合自己的平淡和享受中，在更多地借用心力而非物力去战胜敌人、战胜环境和获取成功。忍耐是为了积蓄力量，待机而发。虽然这需要承受内心的煎熬和克服感情的冲动，带着某种宗教意味，显出几分崇高。必要的忍耐和迂回前进每每并行。

谦卑、居后是一种人人都颂扬的“大道”。在这点上，几乎是中国人普遍认同的，它不仅为道家所提倡，也为儒家所赞赏，不过两者的立足点不同。儒家将它当做道德修养的要求，而道家则从生存主体自身的利益出发，为了不引人注目，以免树大招风；为了避免陷入是是非非的纠缠，以求活得轻松自在；为了以退为进，以不争达到无人能与之争。最后，这种处世之道还表现为顺应自然，宽容大度，达权知变。

这种人生态度和处世方式，对身居逆境者意义独具，但它绝非弱者哲学。一个身处逆境、困境的人首先要有战胜自己的足够强大的内心力量，才能够忍耐、退让和不争，着眼于未来，忍辱负重，耐得住寂寞和孤独的摧残，不怕一次又一次失败，不声不响地挣扎，慢慢地、慢慢地迈向光明。这要多大的毅力！老子云：“胜已乃谓强。”

这里应该再次指出，忍耐并非一味妥协，退避并非投降，不争并非放弃一切，顺应自然并非什么都不干。这反映了原则和行为选择之间的正确关系，是“了解刚性而以柔性去处理它”，是“知其雄，守其雌”，是对“度”的准确把握。另外，的确还有个所处环境的问题，它更决定了行为方式。

对于这种隐忍温良的性格，林语堂言：假使这一个现世的生命是我们一切所有的生命，那么吾们倘要想快快乐乐过活，只有大家和平一些。从这点来看，欧美人的固执己见与不安定的精神，只可视为少壮的粗汉之象征，如是而已。

在我们泱泱几千载的大历史中，有多少帝王将相，因为阴柔而登上宝座，因为和平而稳定天下。而那些脾气暴戾倔犟的，又无一不断送了江山。

比方说李世民，看似厚道仁慈，可政变发生之时处理起他的兄弟来毫不手软；

比如说刘邦，看似无能，可飞鸟尽良弓藏，诛韩信也是快刀斩乱麻；

比如说赵匡胤，看似有情有义，可轻松地设一宴就杯酒释了兵权……

所以，处世为人的最高等智慧，就是阴柔，是明里一团火，暗里一把刀。

但是，中国人也讲究过犹不及。

柔太过，必然无骨头；刚太强，必然被折断。这其中如何调节，完全就在你是否聪明了。

不与俗人为伍，不与假道者为伍

杜牧之“人世难逢开口笑，菊花插得满头归”，乃是吾所欲看的。夫菊花插得满头，是如何“不雅”的样子，而杜牧竟敢叙之，是诚难得。总是儒者之伪，在文中排臭架子，欲于一笑一颦之中尽合圣道耳。

——林语堂《笑》

这个世界上，人之所以可笑，就是因为他把自己放错了位置。那些越是自以为是、越是古板苛刻的人，越是觉得只有自己走的才是“圣化”，是“大道”，才是“皇家风范”。殊不知，正是这种扬扬得意的“圣道”，让自己在世人眼中显得既庸俗，又可悲。

林语堂与外交大使、庶民百姓同席而坐，全不在乎，只是忍受不了仪礼的拘束。他决不存心给人任何的观感。他恨穿无尾礼服，他说他穿上之后太像中国的西崽。他不愿把自己的照片发表出去，因为读者对他的幻想是个须髯飘动、落落大方、年长的东方哲人，他不愿破坏读者心里的这个幻想。只要他在一个人群中间能轻松自如，他就喜爱那个人群；否则，他就离去。这就是那个极其自然、极其可爱的林语堂了。

是的，要想过得痛快，过得真实，丢却一派天真又怎么行？老子有云："人法地，地法天，天法道，道法自然。"

所以朱熹虽是大儒，但他的文章绝对不会受到人民大众的喜爱，因为他的"儒道"，晦涩难懂，并且有违背人性的嫌疑。

古希腊哲学家德谟克利特常常坐在石阶上观赏蚂蚁和牧羊犬。有人问他为什么对自然之物有那么大的兴趣，德谟克利特说："所有人都是自然的学生，智者更不例外。我们从蜘蛛身上学会了纺织，从燕子身上学会了建筑，从百灵鸟身上学会了歌唱。"这同林语堂先生夸耀的真正的诗人要向天地撷取灵感是有异曲同工之妙的。可惜的是，现代人总是不能忘记伪装，而只一味遵循模式，最后把自己弄成个"四不像"，并且较之先前，也大大落后了。

其实，在现代社会里，崇尚一切"贵族化"程式的人已经少有立足之地，而渐多起来的是那些巧言令色之人，他们虽不刻板，但相当可恶，虽不固守"大道"，但也相当投机，总之，都是经世事"装潢"过的人，即便是悦人耳目的，也只是一个彻彻底底的伪君子。

花言巧语的人就像人带了一副面具，我们必须透过这副面具看清他的本质。也许，在人际关系里，每个人都有许多不同的面具：上班时对上司戴一副面具，对下属戴另一副面具；下班时归家后戴一副面具，与朋友相处时又戴另一副面具，打扑克玩麻将时戴的另一副面具。面具是人际交往中一种适应和防御措施，也许本身无所谓好坏，但生活中人大抵过分热衷和执著自己所扮演的角色，形成严重的自我异化，人的天性（佛性）和人格面具之间形成尖锐的对立和冲突，最终丧失自我，这样似是而非、似真还假的生活，不能真正认识自我、把握自我。

摘掉面具，诚以律己、诚以待人才能做到"真"。而不是花言巧语，巧言令色。所谓诚以律己，即能做到敢于正视自我、承认自我。诚以待人，即能做到对别人少一点防御，多一点接受。倾听自己的心声，也倾听别人的心声，达到真诚的内心交流。也只有真诚的相处与交流，才能真正把握我心与他心的同一无碍，才能得到自在自由。也就是说，拿出你对待亲人、对待朋友的坦诚真挚态度对待一切人。当你能这样做时，你会感到生活是轻松、坦荡、美丽的。

有人对孔子说："冉雍这人有仁德却没有口才。"孔子反驳道："何必要有口才呢？靠口才对付人，常常惹人讨厌。没有仁德，光有口才有什么用呢？"

孔子不愧是大师，他让我们知道，德行永远比口才重要。同理，自然而天真烂漫的人永远比矫揉造作的人受欢迎得多。

为人，不可太单纯，以免让人家说你太傻，也不能太圆滑，以免让人家鄙视你。如果能做到不与俗人为伍，亦不与假道者为伍，就是到了最理想的境界了。

你有嘴巴，却不一定会说话

一个明显的谎语倘用了优美的形式说出来，也可以受到赞美。

——林语堂《文学生活》

才子难管住的是这张嘴，祢衡之所以在三国里刚刚崭露头角就被黄祖杀死了，就是因为嘴头上太不仁慈。杨修也是一样，虽然智商很高，也没看好当家的东西——脑袋，也是那张爱卖弄聪明的嘴巴帮了倒忙。

但是既然老天公平地赐予了每个人一张嘴巴，那除了喂饱肚子肯定要说话。但说话跟说话有水平上的差距和本质上的不同，为官的一开口，就是措施、政策乃至法律。大姑娘小媳妇围在一起肯定讨论的是谁做得好饭食，谁画得好妆容。

对我们普通人来说，说话就是说话。说得好听，对方开心；说得难听，对方瞪眼。无论我们说什么，对世界的影响都很小，但对我们个人的生存状态却影响很大。一般来说，谨言慎行，掌握说话技巧的人比较容易受到别人信任，说话太多的人却不那么受人重视。

这怨不得别人，只抱怨自己这张不经大脑就漏词儿的嘴巴。一个人特别爱说话，说明他自控能力不强，易冲动，经常因情绪伤害理智。试想，连自己的嘴巴都管不住，又能管好什么事？并且，一个人整天唧唧喳喳的，总得有些实在的内容。他的生活经历有限，不知道那么多趣闻逸事；也没工夫读书，不可能天天给你讲世界名著。说来说去，无非东家长西家短，拿别人的隐私、缺点当作料，煲成一锅大杂烩。对这样的人，谁敢跟他交心交底呢？

最重要的一点，无论是谁，若想被人冠上“可爱”、“可敬”、“可信”、“可亲”之类的字眼，一定要善于伪装，或者说“包装”——将缺点隐去，将优点突显出来。漂亮时装能包装外部形象，真知灼见能包装内在思想。可是，一个爱说话的人，有什么说什么，久之必然将自己的优点、缺点全部暴露于人前，赤条条无遮无掩。除非他“天生丽质”，毫无瑕疵，否则很难被欣赏。

一个特别爱说话的人，总是不假思索地对任何事发表见解，好的意见与错误观点混杂，泥沙俱下，让人难取难舍，只好当废话听。久之，人们必然认为这个人没有见识，只会乱说一通。平时是没人重视他的，想散布流言蜚语时，才会借用一下他那张关不住的嘴巴。这种人很容易被不怀好意的人利用，社会上的小道消息，主要是靠这些人传播开来的。

因此，总结上述杂七杂八，有人就说：沉默是金。沉默本身不是金，只是一个炼金的过程，将各种情况进行综合分析，得出一个相对合理的结论后，才谨慎发言。这样，他给人总是捧出金子，自然会被看成一个极有价值的人，因而受到重视和信任。

所以，那些老于世故的人留下了一句极有价值的忠告，“话到嘴边留半句”。先把自己的话过滤一下，就不容易给自己和他人造成伤害了。

话到嘴边，留下哪半句呢？

首先要留下自己或他人的隐私和秘密。这两样东西最伤人。偶有一些人，“心底无私天地宽”，敢说敢做敢当，不管什么隐私，“事无不可对人言”。这种人都是遍体鳞伤的英雄。其余的人没有勇气做英雄，最好还是选择做个“与人为善，与自己为善”的老好人。

其次要留下的半句是那些自以为是的说法。正如索罗斯说：“我们对世界的所有认知都有缺陷。”所以，不要执于偏见。凡事多思考，未必能抓住真理，但至少可以使谬误少一点。

第三要留下的半句是对别人的批评和责怪。如果你确定非这样做不可，也要点到为止，以不伤害对方的自尊心为度。

第四要留下的半句是人人皆烦的抱怨。生活本来就是不如意的事要占很大比例，你到哪里去找一个圆满的世界？抱怨不能使世界变好，反而会使心情变糟，何必多说？倒不如闭上看到杂乱无章的那只眼睛，只留一半看世间，则美妙风景，尽收心中了。

第五要留下的半句是只会徒费唇舌的废话。

只要你能做到谨言，就可能有慎行的出息。那么生活和处世，对你来说，还不是如鱼得水般自由自在了？

梦，还是非梦

梦中人说："人生不过是一场梦。"现实主义者会说："一点不错，让我们在梦境里尽量过着美满的生活吧。"

——林语堂《醒觉》

有些人活得轻松而潇洒，有些人过得痛苦而紧张。不必说，人的青春宝贵，年华易逝，当然愿意让自己趁着年轻快乐地挥霍。可是这些在大学时期的梦想早已伴随早上机械的步子，拥挤不堪的公交车被一些污浊恶气荼毒了，感染了，被压得扁扁的车轮子辗得粉碎了。

所以他们就会出现莫大的痛苦，所以就会厌恶这个俗世。

难道，果真是他们背弃曾经许下拼搏的诺言了吗？果真是曾经看来如此光华灿烂的世界背叛他们了吗？

这个人生，该怎样去过，梦着还是醒着？

梦是痛苦的，清醒比梦更痛苦。

林语堂"活在梦里"的幸福其实旨在对人们说明，人类所有的烦恼都来自于他们对外界的过度反应，也就是过度的清醒和敏感。通常最令人讨厌的家伙，是那种能够诱惑你不断接受他挑战的人。有人研究对于关在笼子里的猴子，无论你怎样叱责或者是手舞足蹈，它通常不会理会，但如果在它饥饿时用食物挑逗它，情况就完全不同了。它会变得暴躁不安，会因为受到食物的诱惑却得不到而气急败坏。所以，如果要保持生活中的平静，你就要能够顶得住诱惑，对于种种不安的事物和干扰最好的办法就是你千万不要接招，让它自生自灭。

懂得生命情理的人是睿智的，精通智谋权术的人是聪明的，通达天命难违的人是自在的，这是很久以前古人告诫后人的一段至理名言。

以上这句话的意思是说，懂得无可奈何的事都自然而然的，因而安然处之，这样就没有什么悲哀，没有什么欢乐，那么又有什么必要改变自己既定的人生看法呢？所以，那些有智慧的哲人只会默默地把自己所遭遇的境况看做是命运，而不把心思放在那些事上；只会全身心地去与大道融为一体，不会对那些事有什么喜乐和忧烦。从而达到梦中带醒，醒中带梦的境界。

古时候，子舆与子桑是好朋友。有次连绵大雨下了十多天，子舆说："子桑大概要饿肚子了！"说完把饭放在罐子里，怕路上凉了还用布包裹了就去送给子桑。来到子桑门口，就听到子桑像唱歌又像哭诉，还拨着琴说道："父亲呀！母亲呀！老天呀！苍天呀！"当他的声音喊得似乎已声嘶力竭时又急促地唱起了他的词句。子舆走了进去，说道："你唱的歌词是什么意思？为什么要这样呢？"子桑回答说："我在思索着使我走到这种绝境的原因，但是想不出来，父母生我养我，难道会让我这么贫困吗？天没有偏私地覆盖万物，地没有偏私地承载万物，天地怎么会偏私地使我贫困呢？我一直思索使我造成潦倒贫病的原因但想不明白啊！那么我今天落到这么绝境的原因大概是命中注定的吧！"

子桑的歌词中虽然有着某种对命运无可奈何的哀叹，但像他这样即使遭遇贫困而仍然能够安然处之，依然能保存自己的品质和本心，就实在难能可贵了，所以就有了做圣人的情思。

那么，怎样才是我们人生的最高境界呢？庄子说，古时候具有很深厚道德修养的人，忧患不能入其内心，邪气不能侵其身体，所以就没有什么东西可以伤害他。人如果能避开世事，达到虚无的境界，又有什么东西能伤害他呢？

要达到这样一个崇高的境界，就要对自己的生活作一个全面的设计，林语堂的“半半哲学”恰恰就是让人们清醒一半，然后再糊涂一半。他告诉我们，话不要脱口就说，路不要走得太快，耳朵不要过细地听，眼睛不要长时间地看，坐不要时间太久，睡不要等到疲惫，天还未冷就加衣服，觉得热了便减衣服，不要饿极了才进食，也不要吃得过饱，不要到渴了才饮水，也不要一次喝得太多。东西吃多了就会积食不化。不要过分劳累，也不要过分安逸，不要起得太晚，不要汗流浃背，不要太贪睡眠，不要飞马跑车，不要吃太多的生冷食物，不要喝了酒又吹冷风，不要频繁地沐浴洗澡，不要总想出人头地，冬天不要太暖和了，夏天不要太凉爽了，不要在露天睡觉，不要在睡觉时把肩膀露在外面。五味入口都不宜偏多，因为酸的吃多了伤脾，苦的吃多了伤肺，辣的吃多了伤肝，咸的吃多了伤心，甜的吃多了伤肾，时间长了就会折寿，这些方面都是符合阴阳五行的自然道理的，所以说到伤害，是不知不觉的，才不足而苦思冥想，力不从心而勉强干事，悲哀憔悴，喜乐过度，急切的欲望，长时间的谈笑，起居没有规律，操弓持箭，烂醉呕吐，饱食后随即就睡，跑跳得气喘吁吁，欢呼哭泣，阴阳不调，都会对身体带来伤害，这些伤害达到极限就会早死，这就不符合人生的规律了。

所以说，梦再好也只要沉酣片刻，对社会对世态炎凉再洞察入微也只要清醒半分，该糊涂的时候糊涂，该严肃的时候严肃，然而在严肃的时候装糊涂可以，反过来却只会贻笑大方。看来梦与醒的学问，尚待人自行去研究。

像大河流淌的速度

在我们许多人中，有时震音或激越之音太多，因为速度错误了，所以听起来很觉刺耳：我们也许要多有些像恒河般伟大的音律和雄壮的速度缓慢地永远地向着大海流去。

——林语堂《人生是一首诗》

先人有云：静若处子，动若脱兔。可见人若是安静就要随时，若要有所动作就需敏捷，二者都是有灵性且是美的。但是，现在这个社会，却少有人再能“知其雄，守其雌”了，只是一味地加紧了脚步，好像不争夺就无以得天下似的。生命，也变得乏味得多了。

其实，你不应不知道生命和生活的美丽，恰恰蛰伏于最容易被我们忽略的平平常常之中。林语堂在《一捆矛盾》中这样叙述自己的理想和快乐。他说：

“我愿自己有屋一间，可以在内工作。此屋既不须要特别清洁，亦不必过于整齐。不需要《圣美利舍的故事》中的阿葛萨用抹布在她能够到的地方都去摩擦干净。这个屋子只要我觉得舒适、亲切、熟悉即可。床的上面挂一个佛教的油灯笼，就是你看见在佛教或是天主教神坛上的那种灯笼。要有烟，发霉的书，无以名之的其他气味才好……

我要几件绅士派头儿的衣裳，但是要我已经穿过几次的，再要一双旧鞋。我须要有自由；愿少穿就少穿……若是在阴影中温度高到华氏九十五度时，在我的屋里，我必须有权一半赤身裸体，而且在我的仆人面前我也不以此为耻。他们必须和我自己同样看着顺眼才行。夏天我需要淋浴，冬天我要有木柴点个舒舒服服的火炉子。

我需要一个家，在这个家里我能自然随便……我需要几个真有孩子气的孩子，他们要能和我在雨中玩耍，他们要像我一样能以淋浴为乐。

我愿早晨听喔喔喔公鸡叫。我要邻近有老大的乔木数株。

我要好友数人，亲切一切如常的生活，完全可以熟不拘礼，他们有些烦恼问题，婚姻问题也罢，其他问题也罢，皆能坦诚相告，他们能引证希腊喜剧家阿里斯多芬的喜剧中的话，还能说荤笑话，他们在精神方面必须富有，并且能在说脏话和谈哲学时候儿坦白自然，他们必须各有其癖好，对事物必须各有其定见。这些人要各有其信念，但也对我的信念同样尊重。

我需要一个好厨子，他要会做素菜，做上等的汤。我需要一个很老的仆人，心目中要把我看做是个伟人，但并不知道我在哪方面伟大。

我要一个好书斋，一个好烟斗，还有一个女人，她须要聪明解事，我要做事时，她能不打扰我，让我安心做事。在我书斋之前要修篁数竿，夏日要雨天，冬日要天气晴朗，万里一碧如海，就犹如我在北平时的冬天一样。

在别人眼中，这些确实都是微不足道，甚至是不屑提及的事情。但是，它们才是真正意义上的幸福，真正如流水一般的淡然、平缓，蕴涵着一种博大的智慧，即享受人生，享受清闲。

对于平常的无端蔑视和漫不经心也许是我们最经常、最易犯而又最不可宽恕的错误之一。令人吃惊的是，竟有那样多的人对平常是那样地不屑一顾甚至不屑一提，尽管他们几乎一生都是在平平常常中度过。当久违的朋友相互问候时大家只是互道忙碌，珍重，就是来不及坐下来叙叙友情，交流一下生命感悟，再走进朋友的内心，抚慰一下被现代生活挤压的心灵。

的确，较之于那些叱咤风云的伟人，惊天动地的业绩，平常之人的平常之事，就未免显得平淡无奇了。但是，平常毕竟是生命的主体，也是生活的主体。就绝大多数人而言，终生作为平常之人，拥有平淡无奇的生命；就绝大多数职业来说，永远只为平常之事，拥有平淡无奇的记录。即使是灿烂多彩的社会生活，那种波澜壮阔的英雄之势，惊天动魄的历史事件，毕竟也只在很少的时候出现。

在绝大多数的时候，社会的脚步也只是悄无声息地移动，犹如一条平淡无奇的河流。因此，对于生命主体和生活主体的蔑视甚至否定，实质上就是对生命和生活本身的蔑视和否定，而蔑视和否定生命和生活的本身，就只会陷入一种无所作为的“怪圈”，使生命的意义和生活的情趣荡然消逝，应该说，这确是我们生命的一大误区和一道凋残的败景。

既然平常是生命和生活的主体，珍惜平常对我们来说就显得格外重要。当我们以一种极为珍惜的感情，去平平常常地生活时，就不免意外地发现：平淡无奇的深处也蛰伏着惊人的美丽，那披着灿烂云霞的黎明；那熙熙攘攘的自行车流；那提篮买菜听到的大声吆喝；那厨房的锅碗盆瓢的交响曲；那羽毛般洁白的流云，那流云般灿烂的花朵；那花朵般迷人的少女，那少女般柔情的湖水，无不令人怦然心动。

至于人与人之间在平常中的无数交流，默契理解，如真诚的问候，陌生的微笑，困难时的微薄相助，胜利时的欢乐共振，也无不令你感泣陶醉。平常之所以值得珍惜，既是因为它存在于现实之间，每个人都毫无例外地拥有，又是因为它深潜着理想基因，并非每个人都能发掘，而一旦失去之后，它就会显示出惊人的价值和增值的能力。

一位国外知名作家在失去自由隐居一年之后，有人问他最想念什么，他深有感触地回答："我想念的是平常的生活。在街上散步，到书店里从容浏览书籍，到杂货店里买东西，到电影院去看一场电影……我想念的只是这些平常的小事情，你有这些事情可做时，认为一点不重要，当你不能做的时候，才知道那是生命中的要素，是真正的生命。取消这些事情，是最大的剥夺。"这段表白，真是再朴素不过地阐述了平常的价值。

不过珍惜平常绝不意味着安于现状和无所作为。人类的伟大在于生命永不休止的渴望和追求，历史的递嬗在于千百万创造历史的人们永无休止的劳作。

生命是一个过程，而生活是一条小舟。当我们驾着生活的小舟在生命这条河中款款漂流时，我们的生命乐趣，既来自于与惊涛骇浪的奋勇搏击，也来自于对细水微澜的默默寻思，既来自于对伟岸高山的深深敬仰，也来自于对草地低谷的切切爱怜。所以我们平常的生命平常的生活一经升华，就会变得不那么平常起来。

能把平淡如水的日子过得不平凡，的确是你的本事。

能得心应手地控制日子的流淌速度，则可以称之为你的成就了，你说呢？

第五章

弱水三千：品读林语堂的爱恋人生

“上邪！我欲与君相知，长命无绝衰。山无陵，江水为竭，冬雷震震，夏雨雪，天地合，乃敢与君绝！”这是绝世的情爱，是惊世的美丽，是携手笑傲红尘的誓言。关于爱，谁不渴望它来得再猛烈一些呢？然而，年少而英俊的林语堂，从东方的柔性中找到了情趣，从西方的爽朗中找到了典雅。于是他的爱丰满，甜美，年岁越长，越如一棵挺拔的梧桐，愈茂盛，愈繁华，愈香气四溢。

柳色人间

柳树随便种在什么地方，都很容易生长起来，它常常是长在水岸边的。它是最美妙的女性的树。为了这个缘故，张潮认为柳树是宇宙间感人最深的四物之一，他也说柳树会使一个人多情起来。人们称中国女人的细腰为“柳腰”；中国的舞女穿着长袖子的长旗袍，是想模仿柳枝在风中摇曳的姿态的。柳最容易种植，所以在中国，有些地方满植着柳树，蔓延数英里之远；风吹过的时候，造成一片“柳浪”。不但如此，金莺喜欢栖息在柳枝上，因此无论在现实生活上或绘画上，柳树和金莺常常是在一起的。在西湖的十景之中，有一景被人叫做“柳浪闻莺”。

——林语堂《论树与石》

中国人好像都特别偏爱柳树，它不仅是林语堂先生笔下的美女，妙景，也是英俊挺拔的青年。到了饥荒或是珍馐美味吃腻了的时候，赶上早春二月的趟儿，捋几把柔嫩的细芽，就是道不错的野味。看来，柳树真是好处多多。

但是在我们心中，柳还是做美女的时候比较多。且不说那风光旖旎无限的“碧玉妆成一树高，万条垂下绿丝绦。不知细叶谁裁出，二月春风似剪刀”。还有那好细腰的楚王，整日和弱柳扶风的美女厮守在一起，导致无数宫女饿死的悲剧发生，这有力证明了柳之于女人，尤其是努力钻研如何成为美女的人，是何等重要了。

可见，女人要成为真正可爱的魅力女人，其实不只是要体态柔美，要有窈窕淑女君子好逑的风度，还需要有一种大美，这就是老子赞叹女性的柔静之美、处下之美。

这种美是来源于内心的，是一种强大的吸引人的力量。并且，无论你初生时姿质如何，都可以从后天的努力中修习拥有得到。它不是肤浅的观感的表层审美，而是站在一个哲学的、历史的、美学的高度来透视的，因为女性正是老子所说的“道”的体现者。

道是柔弱的，但又是刚强的，正如老子说的“守柔曰强”，“柔弱胜刚强”。道是虚静的，但又是“静为躁君”，静是躁的主宰，躁要受静的支配；静能够阻止急躁，急躁要受静来控制。这真是太美妙了！

女性常常以静柔战胜男性，又以宁静居于男性之下。或认为，这是说天下雌柔的低位处，是天下交互汇合的地方，雌柔常以静下胜过雄强，就是因为静定而又能处下的缘故。

有一位女性曾经向伏尔泰谈论过女性的秘密：“女人在用柔弱武装自己时最强大。”这种柔弱、软弱，一旦为了爱，女人可以赴汤蹈火在所不辞，女性、母性表现出天性中最坚强、坚韧的力量。人生之苦难与忧患在她们柔弱的肩膀上奇迹般地被承担起来，当然有时候也为了恨，这是爱的负面。但却也是一种美，一种柔若无骨，杨柳扶风的美。

美女是天地的精华，是山川自然的精灵。歌德赞颂：“伟大的女性，引领我们飞升！”

于是，我们看到本来灰暗一片的街头向我们迎面走来一位又一位绝代佳人，让人真正地感受到生在盛世。

但是美女时刻面临变质，少女时刻面临失贞，美是脆弱的，如随风而摆的柳树。

所幸的是，人世间的女孩子一批又一批成长了起来，永远有超凡脱俗的西施出现，安慰世间所有热爱美女的人。

也许，对有些人来说，只有多一份性情，人生才有快乐。

深情美好的爱情让人感叹。古今情圣都是先知先觉者，其不朽的传奇将继续鼓舞人们为追求至臻至美的圣洁爱情去奋斗。而孔子的性情主张与快乐主义将沐浴更多的人，使我们的人性全面复苏。

李白曾经赋诗句揭示最美是天然。孔子当然也深知此理，他在与弟子子夏论诗礼时说“绘事后素”，用绘画（“绘事”）打比方，说白描（“素”）最美，由此揭示最美是天然、没有天然不可能美的真谛。

孔子说：“食色，性也。”这句话是说好色是人的本性，应该固持。人不近色，则人性无有；人性无有，则不能为人。孔子说过人要“戒色”，但并没有说禁色。“戒色”是无为，不是不为；同时，孔子更提倡与“色”相关的一个字“德”，即提醒做人的道德。

孔子说“好德如好色”，肯定了好色是为善。同时，好色也是好美，“美”引领世人向善。并且美可以使死者复活，美是一种大善。

吴王夫差的小女名为紫玉，私下恋爱着一个童子名韩重的，并且想嫁给他。但客观条件不允许，她便为情气结而死。韩重后来去凭吊她，紫玉现出形来，韩重想去抱她，她却化作了一阵飞烟。不管怎么样，这韩重算是得到了紫玉的心意了，但却终究不能得到她的人。

越国的西施美艳绝伦，倾国倾城，为了挽救越国的命运消灭吴王夫差，被范蠡寻来献给了吴王夫差。夫差对她是言听计从，宠爱有加，结果误国荒政，反被越国给消灭了。但是，夫差虽然得到了西施的人身，却得不到她的心，所以吴王夫差被灭之后，她又随着范蠡一起去泛槎西湖了。西施死后葬在了西湖边，令多少文人墨客凭吊赞叹。但她终究还是化为了尘土，只能留在诗人的遐想中。

不论是得到了人，还是得了心，对于今天的人来看，无非都是那飞烟与尘土。那最美的吴女与越艳都化作了飞烟与尘土，那么其他的女人还能够永葆青春美貌吗？既然青春与美貌不可能永远常驻，那我们又怎么能够去执著呢？从理论上讲，青春年华最多也只有一二十年的光景，而花开最盛的也会最早凋谢。而花开花落，周而复始，花落为的是花开。但是，人类如果从群体的角度来说，一个人死了也是为了一个新生命的诞生，这也是很伟大的事情。只是人类的个体往往都贪婪于自我生命的延长，执著于青春与美貌，便违背了自然的客观规律。违背规律的结果，便是自寻烦恼，无限痛苦。

情爱的真相原本是飞烟与尘土，一时风吹起，烟尘便乱飞；忽然风儿静，烟散尘落地。但在烟尘弥漫的时候，人们却总要去追寻不已，等到所追求的东西已经变成枯骨髑髅的时候，或者等到我们自己也将成为飞烟与尘土的时候，我们才会真正明白这人生的真理。

就像古道边那几条垂柳，袅袅娜娜，却不知送走了多少人儿，也不知被多少的人儿所折赠。折柳赠别是一种风俗，就是要挽留住行人的心意，不让他在外边拈花惹草。但这杨柳却年年新绿，任凭人间悲欢离合，又何必执著“年年柳色，霸陵伤别”！

享受家庭之乐

一个人如不能在这个自然的团体生活中获得成功，则他在以外的团体生活中，大概也难于期望有所成就。

——林语堂《独身主义——文明的畸形产物》

家庭，对于大多数人来说，都是人生第一要义，它不仅是感受人生最真实幸福的起始，也是它的结束。人不能没有家庭，就像鸟儿不能失掉翅膀，兽儿不能丢弃利爪，关乎的是存在的意义，生命的价值问题。

在人生的各种令人眼花缭乱的享受中，家庭之乐是林语堂格外重视的。在他的生活哲学中，曾说过“半粗半雅器具，半华半实庭轩。……童仆半能半拙，妻儿半朴半贤”。由此几句在全歌中所占的分量，就知道家庭是多么尊贵的了。早在1936年，林语堂就在一篇散文中直言其对一种好家庭的憧憬：“我要一个可以依然故我不必拘牵的家庭。我要在楼下工作时听到楼上妻子言笑的声音，而在楼上工作时，听到楼下妻子言笑的声音。我要未失赤子之心的儿女，能同我在雨中追跑，能像我一样喜欢浇水浴。我要一小块园地，不要遍铺绿草，只要有泥土，可让小孩搬砖弄瓦、浇花种草，喂几只家禽。我要在清晨时闻见雄鸡喔喔啼的声音。我要房宅附近有几棵参天的乔木。”

林语堂是家庭制度的坚决维护者，在他看来，家庭满足了人们最基本也最重要的生理需求和精神需求。他的《生活的艺术》在比较了各种社会组织以后指出：“在这许多团体中，只有家庭是自然的，具有生物性的实在的，可以使人人满意而有意义的生存单位。”家庭还维系着世界的健全。试想没有了家庭，人伦结构瓦解，母子之情兄弟之爱等美好的人类天性彻底失落，人生将变得多么冷酷。家庭的主体为夫妻父母，他们的质量决定了家庭的质量和生活的质量。“所以能产生优良夫妻父母的文明，实造成一个较快乐的人类生活，因此也就是一种较高级的文明。”“不论哪一种文明，它的最后测验即是它能产生何种形式的夫妻父母。”看，在林语堂先生眼里，家庭简直可以与人类发展之历史相媲美了。

家庭给人安全感、稳定感，给人身心提供一个可靠的安顿和恢复的处所。但最重要的是，它给人一种无法取代的天伦之乐，一种亲情的甜蜜和抚慰，人活着因此显得有味道，人因此发展出同情、感恩和对天下万物的爱心。正是从维护人性的健全和人类的幸福出发，林语堂反对独身主义和不育主义。他称独身主义是人类文明的畸形产物，说：“凡是男女不遗留子女而离开这个世界，实在是犯了一件对于自身的大罪。”在正常的家庭中，男女结成夫妇，彼此通过对方获得人格的补充。“女人是水，男人是泥土。水渗入泥土而使之成形，泥土盛了这水而使之有质，水即流动生活于这当中而有了具体。”人还通过为人父母、为人子女、为人兄弟姐妹而达到进一步的自我完善。人伦关系和人伦情感中最基本的这些部分缺少哪一方面，人的心灵都将受到伤害，减损幸福。

林语堂先生特别强调结婚生子对于女子的意义。他说女人只有做了妻子和母亲，才走上成熟和进入女性美的第二阶段：“其容光焕发有如盛秋森林，格外通达人情，格外辉煌耀眼。”他竭力渲染生子给女人带来的慰藉，说它比之写一部最伟大的著作尤为不可思议，她所蒙受的幸福，比之她在舞台上获得隆盛的荣誉时尤为真实。在他眼中：“一个女人最美丽的时候，是在她站在摇篮面前的时候；最恳切最庄严的时候，是她怀抱婴儿或扶着四五岁小孩行走的时候；最快乐的时候，则如我所看见的一幅西洋画中一般，是在拥抱一个婴儿睡于枕上逗弄的时候。”他又极力渲染女子来往于客室和厨房之间的风姿，说她们在家庭主妇的位置上放射出“一种灿烂的光芒”。他的结论：“女人居家，正如鱼得水。”正因为女人的快乐、尊严、价值都体现在母亲和妻子的角色之中，所以林语堂不客气地指出：“我认为一个女人，不论在法律上的身份如何，只要有了子女，便可视为妻，而如若没有子女，则即便是妻，也只能视作姘妇。”又调侃道：“美国容忍那么许多很可爱的女人无辜地失去嫁人的机会，如果有人向我称赞美国的文明对于女子是怎样仁慈，我简直不相信。”

然而，在现代社会里，有许许多多的青年男女选择“丁克”生活。他们认为，这样的夫妻活着自由快乐。还有，生了孩子，女人就会衰老，变得没有魅力，这其中既有男性的不愿负责任，也有女性认识上的误区。

现代女性有的不愿意生孩子，特别是那些知识水平高薪金丰厚的白领女性，她们说，看生了孩子多麻烦啊，受生产的痛苦，受喂养的累赘，受孩子成长的烦恼，孩子从小到大有操不完的心，等孩子长大了，不服管，拍拍翅膀就跑了，诸如此类，琐碎的事情太多了，自个儿不自由了。还有啊，一生孩子身体发胖了不美了；还有啊，好不容易挣来的那一个公司里、单位里的位子地位，说不定就因为生孩子就没有了，如此等等，所以决定不要孩子。看多可惜啊！因为并不知道，有了孩子，会享受到一个女性独有的幸福，做母亲的那种独有的爱和被爱，当然，因为有了孩子，在家庭里的地位也变了，也可以享受“管家级”待遇了，也有“多年媳妇可以熬成婆”的预留地位了，人生这才开始有了丰富的表情，是不是呢？

除了生儿育女，享受与子同乐的教养趣味外，中国家庭最具人性本质和人情味的特征之一，是老人得到尊崇和充分的关爱，而不仅仅指老有所养。子曰：“至于犬马，亦能有养。”因此在中国人的伦理道德中，“百善孝为先”就成了最值得崇敬的标准之一。中国多白须飘飘的老者，他们的风度构成生动的人文景观。相反，西方人怕老。林语堂在美国几乎连白须老者的影子也看不到，他们好像结了伴躲避着他似的。享乐的人生应该是完整的，人生不应该在老年时留下遗憾，中国家庭对此提供了较为可靠的保证。人生的整个过程就像自然中的季节交替，少年、青年、中年、老年没有好坏之分，各有其美丽，各有其享受。在中国家庭里，老年人还能从后代身上看见自己生命的延续和再放光华，从中获得快慰。至于老年人本身，林语堂说则要有“早秋精神”，要有在安然轻松之下进入老境的情调儿。他自己就做到了。因为他有许多孩子，可谓儿孙绕膝，他们都孝顺而相亲相爱，聪明解事，善尽职责。

谈起幸福，林语堂说过这样的话：“究而言之，一个人一生出发时所需要的，除了健康的身体和灵敏的感觉外，只是一个快乐的孩童时期——充满家庭的爱情和美丽的自然环境就够了，在这条件下生长起来，没有人是走错的。”他还说，“一个小孩子需要家庭的爱情，而我有的是很多很多……我深识父亲的爱，母亲的爱，兄弟的爱和姐妹的爱。”他坚信，是家庭和家庭的爱使一个人感情丰满、心理健康、精神高尚和保证了他能终生快乐。但与此同时，他也告诫了世人对无私地把一切都奉献给自己，热爱着自己的家庭，是不能太过苛责的，还是那句老话：爱情就像是你手里的沙，攥得越紧，流走得越快。同样，这也是教你如何掌握对家庭要求的尺度，教你如何花最少的心思换取一个最为理想的家庭的好方法。

爱情需要修炼

上帝抓了一把泥土，捏成一个人形，从鼻孔吹一口气进去，亚当就此造成。但是亚当渐渐燥裂，泥土松碎，一片片掉落下来。所以上帝又取了一些水和将进去，使泥土凝结。这种掺入亚当生命的水，就是夏娃。亚当的生命中非有这水不能完成。我以为婚姻的特别意义至少是如此。女人是水，男人是泥土。水渗入泥土而使之成形，泥土盛了这水而使之有形质。水即流动生活于这当中而有了具体。

——林语堂《中国式的家庭理想》

面对令人神思混乱又甜蜜幸福的爱情，很难说是男人造就了女人还是女人成就了男人，也很难说终究是先有肉和性的吸引还是先有灵魂与心灵的靠近。但既然成功地贴近了，就不要先忙着考虑夫妻之道和家庭理想。你要知道，爱情的另一面是责任。如果只为了享受甜蜜而将责任弃到一边不管不顾，那简直就是自我放纵和自我毁灭了。

林语堂在《一篇没有听众的演讲》中提到，婚姻是叫两个个性不同、性别不同、兴趣不同、本来过两种生活的人去共过一种生活。假定你们不吵架，一点人味都没有了。你们此去要一同吃，一同住，一同睡，一同起床，一同玩。世上哪有习惯、口味、嗜好、志趣完全相同的两个人？向来情人都很易相处的，一结婚就吵起架来。这是因为在追求时代，大家尊重各人食寝行动的自由，一结婚后必然互相干涉。你的时间不能自己做主了，出入不能自己做主了，金钱也不是你一人的了，你自己的房间书桌也不是你一人的了。连你的身体也不是你自己的了。有人要与你共享这一切的权利。这就是爱情的将来时，是激情过后的现实平淡的回归吧。

对于林语堂来说，他其实并不是唯美的爱情至上者。因此，虽然没有徐志摩、林徽因的浪漫，却也不会有他们的相思成灾，最后竟至抱憾终生了。

林语堂有一个相当成功的婚姻。他的妻子廖翠凤生长于厦门鼓浪屿一个商人家庭，性情柔婉，趣味不俗，而且精明能干。她也许没有给过林语堂心灵的摇撼和情感的缠绵，但长期给他以精神的抚慰和生活的照顾，给他一个安定、舒适、自在、快乐的家。

林语堂看重自己的妻子，珍惜自己的家。他“从一而终”，也从不在外拈花惹草。林语堂与妻子廖翠凤相识之前，曾热烈地爱过一个朋友美丽的妹妹，以后也一直记着她。可这并不影响他对妻子的真诚和深爱，不影响他很好地活着。总之，林语堂的婚姻生活算不上完满无缺、浪漫香艳，却实在、淳美、韵味悠然。

林语堂还曾说，他非常感激自己的太太，因为她允许自己在卧室的床上吸烟。一个人，在婚姻中，最宝贵的就是人身的自由，因为它是最容易随着一纸婚书失去的。然而，如果爱中的两人彼此都能很容易地谅解，容忍的话，纵使你们成不了知音知己，那日子也会过得宽容而饶有趣味，也会让你留恋、依恋、爱恋了。

现在的很多年轻人，一部分游戏爱情，只要过程够香艳，够刺激，够说出去“有面子”，哪里还管得了什么温情不温情，发展不发展的。这样做的结果是早晚会弄出点苦头让自己吃的。还有一部分走到一起的，却因为越来越瞧不起对方小小的缺点或是七姑八婆在一起讨论的张家男帅，李家男有钱啦而终成苦命鸳鸯。何必呢，计较这么多？要知道，完美的爱情是永远都不会出现的，别看小说里，肥皂剧里的男女瞎掰。爱情就是爱情，爱情就是现实。如果忍受不了，请别开始，如果还受控于幻想，请尽早清醒。

在彼此的相守中，只要还给对方婚前的一半自由，就已经是很美好的了。想要到达你我不分，水乳交融的境界，唯互相敬重四字而已。

也许有人爱你，但绝对不是理想中的那个，你要做的，就是爱他吧，千万别错过。

唯德让人美不胜收

一个女人最美丽的时候是在她立在摇篮面前的时候；最恳切最庄严的时候是在她怀抱婴儿或扶着四五岁小孩行走的时候；最快乐的时候则如我所看见的一幅西洋画像中一般，是在拥抱一个婴儿睡在枕上逗弄的时候。

——林语堂《性的吸引》

现在大多数男女在选择伴侣上都有一个“严格”的标准：他要像刘德华一样又成熟又帅又有钱，她要像张曼玉一样漂亮。其实把大家的意见东西一胡噜摆到跟前，不过是最重要的两点，一个是貌美，一个是财大，其他都可以暂向后推。

对此，林语堂先生就说了，一个女性，虽然身材的吸引，美貌的点缀能令其增光不少，但能说明什么，能说明你拥有可以沦为玩具的资本吗？既如此，那是性的吸引力问题还是什么值得夸耀的呢？

不管是大师曾谆谆告诫我们也好，叮嘱我们也罢。其实，大多数人还是明白，人要贵德，剩下的都是美德之外的附加品，如果一并带了来，那也只是运气，如果没有，也大可不必呼天抢地，寻死觅活。一件质地良好的衣服挂在你面前，即使它外头套的那层塑料质量不好又怎样？毕竟你穿的又不是它。

因此，女子的妇德，母德相当重要，男子的夫德，操德也不可等闲视之，林语堂夫妇堪称我们的楷模。在廖翠凤准备嫁给林语堂时，她的母亲警告她说："你可要当心，林牧师家里是没有钱的。"

廖翠凤这样回答母亲："我相信他将来一定会有出息的，也不会错待我。没有钱不要紧。"

廖翠凤自信而又坚决地选定林语堂这个穷小子。后来林语堂事业有成，以写作成为富者，并慷慨资助败落的廖家，这很使廖翠凤有些自豪和得意。她甚至津津乐道拿自己与陈锦端比，对自己的女儿说："你们父亲是爱过锦端姨的，但嫁给他的，不是当时看不起他的陈天恩的女儿，而是说了那句历史性的话'没有钱不要紧'的廖翠凤。"

廖翠凤虽不是林语堂的最爱，他对她远没有像对陈锦端那样有着生死之恋，但对廖翠凤却一直恩爱呵护，林语堂的女儿林太乙曾说："翠凤从来不知道，男人可以这么体贴，这么温柔地对待女人。"

以后的人生中，林语堂总能看到妻子的优点，这也是他对她的爱情逐渐加深的重要原因。妻子不反对自己在床上抽烟，林语堂非常高兴，认为这是妻子理解自己，也是让他舒心自由的方面。妻子对他很宽容，从来不嫉妒他与别的女性往来和交朋友，林语堂对此很赞赏，认为妻子有德行有度量，非一般世俗女人可比。妻子对丈夫所从事的事业尽管不能深入理解，但却非常看重和支持。每当林语堂出去演讲，入迷的听众不断鼓掌欢迎，而廖翠凤却不让女儿鼓掌，因为她觉得这样做容易让他太骄傲；可是，一到家中她又第一个向林语堂表示祝贺，祝贺他演说成功。还有，每到一本书处于紧张的写作状态，为了不打扰丈夫，廖翠凤总是嘱咐女儿不要随便进出爸爸的书房，即使她自己端送茶水也小心翼翼，她觉得丈夫的工作既重要又神圣。最令林语堂感动的是，每当一本书完稿，妻子总要与女儿一起为他欢呼，这一时刻往往比盛大的节日还重要！林语堂知道自己在妻子心中的分量，所以也就越来越真切地爱她。当然，廖翠凤对林语堂并非百依百顺，有时也有批评和警示。一次，她对林语堂这样说："堂啊，你的文章不要写得太长，太长人就不爱看了。"林语堂不仅不烦，反而总是认真听取和采纳妻子的意见。看，这才是一位有情有德的伟大女性。不贪钱、不做作、不张扬、不浅薄、不懒惰、不怨命……如果这样的女子不能抓住男子的心还有谁能呢？

是的，关于爱恋之时，人们首先会关注的就是那个"他"的外貌美不美。诚然，爱美是人类的天性，小孩看到美丽的花儿也会在小小的心灵中生起喜爱。但是，人都不是愚蠢的动物，从古至今，大都明白，美是由外表而深入内在的道理。一个人长得五官端正，仪表不俗，男人被称为英俊阳刚，女子则被称为美丽、漂亮。然而，这种外表的美虽能得到人家的喜悦，却不足以表示万物之灵的人类特征。人类的特征是什么？是德行。人类的内在美就是内心的德行，德行是指一个人的慈和、诚恳、谦虚、忍让、宽厚等品行。一个人光有外表美而缺少了这些德行的内在美，实在是美中不足。那么，如果具备了内在美，即使外表长得不美，虽然给人初步接触时的感觉不很喜爱，但是当人们了解他的内在美以后，就会受到人家的尊重。

不太精明的爱很芳香

智慧的男人多数要不太精明的妻子，而智慧的女子也多数愿意嫁不太精明的丈夫。

——林语堂《谁最会享受人生（3）玩世、愚钝、潜隐：老子》

在情爱的世界里，不管是哪一个人，都盼望自己能“碰”上个极品的异性，是女朋友，要有中国女人的柔美，日本女人的温顺，法国女人的多情和美国女人的能干。是男朋友，就要有英国男人的风度，法国男人的浪漫，希腊男人的俊美及俄罗斯男人的剽悍。可惜，你众里寻他千百度，却始终见不着她的一丝媚影，他的一缕温情，有时候看似是差强人意地符合条件了吧，可是第二天早上他被她脂粉未施的惨白的脸吓得心惊肉跳，她也被他起来不刷牙就要喝水的习惯震得目瞪口呆。于是二人一合计，还是算了吧，放弃这个，没准前方还有更好的。可是哪曾想，越是寻寻觅觅，就越是冷冷清清，凄凄惨惨戚戚，美丽的日子就在痛苦的分分合合中浪费掉了。

对此，林语堂先生对我们说，爱情，若太过精明，算来算去都是误了自己。所以，对每个人来说，在寻找自己人生伴侣的时候，还是要有“差不多”的感觉就可以了。

其实从现在开始，你可以做个人见人爱的中庸女性：

找个男友要守本分，却不可太本分。风流倜傥的男朋友，一般都交游广阔，情史复杂，喜欢吃着碗里看着锅里。怎不叫人提心吊胆？还有一种男人，人倒是听话老实，可惜他不看其他女孩的同时，也不看你。谈恋爱好像是完成任务似的，甜言蜜语一句都没有。这样的男友，放心倒是放心了，岂不是索然无味？又哪来恋爱的乐趣？

嫁个有钱的男人是好，可他千万别太有钱。财大气粗的老公，人倒也不一定花心，可是诱惑太多，防不胜防。这样的老公，你看不住，抓不牢。而老公没有钱更不行，爱情的美好可经不起贫穷的蹂躏。如果你们俩都没钱，那么贫贱夫妻百事哀的日子，也就指日可待了。如果你有钱，他没钱，那就更糟，男人高贵的自尊往哪里搁？一天两天还没什么，如果状况一直不能改善，老公必然会心理失衡，怨天尤人，就等着吃不了兜着走吧。

香港华娱电视台主持人卜邦贻，在做女性节目时曾经说“中庸的女性很智慧”。他认为：古代儒家讲求“中庸之道”，太少或太过都会失去平衡，如今世界潮流也趋向“中性化”。既然期待男人的阳刚外表中，可以加入感性的体贴，那么女人的贤淑美德中，为何不能拥有理性的智慧？只是女人在诉求“智慧美”的同时，还是不要忘记提醒自己，别拿“脸蛋身材不重要”做懒得修饰的借口，而拥有“天使面孔魔鬼身材”的女人也不用一直引以为傲，空有美丽躯壳，没有智慧的灵魂，再动人的鲜花，总有看腻凋零的一天！

同样，对于男性来讲，被女人青睐的人也大多是“中庸”型的男人。

如今女孩爱中庸男人。记得很多年前一句“男人不坏，女人不爱”的话使得一大帮男人得到了解脱。每当女人们在他们耳边叨叨他们的缺点时，他们就拿这句话出来搪塞：你懂不懂，如果我不坏，你会这么爱我吗？言下之意大有叫对方知足的意思。

后来有关男人的流行市场规则大变，开始流行起好男人来了。于是所有的男人不管有无行动，嘴中都开始唱那句“好男人不会让心爱的女人受一点点伤”，哄得女孩子们心里发甜，脸上带笑，个个以为自己是言情小说中幸福的女主角。

再后来，当那代好男人都成为“她人家中夫”的时候，就出现了一个新名词——新好男人。虽然苏永康仍在那里继承传统地唱：男人不该让女人流泪……但是女人的标准可就变化了。一个个青年俊杰使得女孩们开始领悟——没有事业就没有一切。你现在可以没有钱，但是你必须有理想，你即使不是CEO，也要有了准备当CEO之类领导的念头，否则一切免谈。

如今，这帮新好男人还在吃香，只是规则略有变化，一股务实的“中庸风”开始在爱情市场中刮起。

首先说长相。对女人都开始流行“第二眼美女”了，对男人的长相则就更不能苛求了。只要长得不太丑，看得顺眼，带得出去，就算行了。

再说事业。经理的头衔随街都是，一家小小的快餐店都能出一个经理，七八个副经理。所以，女孩对好男人的要求已经变为：工作要追求有前途、体面，不是那种投机型的职业，也不是那种暴发型的职业。一份既安定又有发展空间的职业才是现在的女孩所希望对方拥有的。事业与经济挂钩，事业走“中庸”路线了，那么经济自然也不出左右。过去是八百一千的收入是拿不上台面了，两千左右也很难在女孩面前抬头。而现在与之相对，豪富的男人也未必吃香，“有钱的男人花心、不可靠”几乎是每个女孩的想法。剩下的便是那些赚个七千八千、一万两万的兄弟了，这样的男人赚得不错，分期付款买房买车都不算累，却又不是什么百八十万沉甸甸的身价，这样的男人最是上选。

最后来谈谈现在最吃香男人的品性，老实本分在许多女孩心目中已经没有太多分量，油头滑脑这一招在现代女孩心中也没什么地位，“能干 + 机智 + 一定的文化修养”成为新一代好男人的标准。这股“中庸风”并不是以狂风暴雨般的形式袭来的，而是在不短的一段日子里一点点一点点地渗透到女孩子的心里的。让她们意识到出格、出奇都已经是落伍了，真正的好伴侣都是踏实、可靠、中庸的。

第六章

一蓑烟雨：品读林语堂的豁达生活

醉中曼舞影飞散，雾里观花偏妍。携江南江北秋点点，天上？人间。

生活就像一杯酒，懂得之人品到的是芳醇露，看到的是琥珀光，不懂之人唯“辛、辣”二字，丝毫体会不到个中妙处。在岁月中，太清透的东西总是易碎的，比如玻璃，比如水晶。对于幻灭，思虑太多则容易萌生邪念，倒不如“心情半佛半神仙”，任它沧海与桑田，这就是豁达，是爽朗，是真自在，真逍遥。

烦恼仅在取舍间

人何必自寻苦恼，整齐清洁到那样程序。

——林语堂《瑞士风光》

这个世上有嗜好的人多了去了，就比方说有人好吃，用相声里的话叫“大饼卷馒头蘸着米饭吃”；有人好玩，几个驴友扛着大包，任劳任怨地苦行在地球大好河山上；有人好干净，那屋里收拾得一尘不染让人都不敢进去坐一会儿，聊个天儿，生怕人家嫌你带来几亿个外部细菌。不管你的志趣是高雅还是低下，都最好要有个“度”的限量，否则是一定会惹人厌烦的。

按照一般人的理解，只有紧紧抓住的东西才能永远归你所有。你因为爱好，所以想完全拥有。但林语堂先生感悟某位高僧的禅语后，对我们说：你所紧紧抓住的只不过是人生的一小部分，而只有当你松开双手，你才有可能拥有世界上最美好的东西。

就社会生活而言，积极奋斗、努力争取、勇敢拼搏、坚持不懈的行为，其价值和意义，无疑是值得肯定的。但应该看到，人生的路并不是一条笔直的大道，面对复杂多变的形势，人们不仅需要慷慨陈词，而且需要沉默不语；既需要穷追猛打，也需要退步自守，既应该争，也应该让，如此，等等，一句话，有为是必要的，无为也是必要的。就此而言，老子的无为思想，具有极其重要的意义。在这里林语堂先生告诉我们事情最好不要丁是丁，卯是卯，否则百害而无一利。

对于他人曾对你有过的冒犯，乐于忘记是一种过人的智慧。有一句名言说："生气是用别人的过错来惩罚自己。"一味地对别人的"坏处"耿耿于怀，实际上最受其害的则是自己的心灵，搞得自己痛苦不堪，何必呢？这种人，轻则自我折磨，重则导致疯狂的报复，最终害人害己。

林语堂胸怀宽广，更是乐于忘记、既往不咎的人。乐于忘记，也可理解为"不念旧恶"。人要有点"不念旧恶"的精神。况且在人际交往中，许多情况下，人们误以为"恶"的，又未必就真的是什么"恶"。退一步说，即使是"恶"，对方心存歉意，诚惶诚恐，如果你不念恶，以礼相待，进而对他格外地表示亲近，也会使为"恶"者感念其诚，改"恶"从善。

唐朝的李靖曾任隋炀帝时的郡丞，他是最早发现李渊有图谋天下之意，并向隋炀帝检举揭发的。李渊灭隋后要杀李靖，李世民反对这样做，再三请求保他一命。后来，李靖驰骋疆场，征战不疲，安邦定国，为唐王朝立下赫赫战功。魏征也曾鼓动太子李建成杀掉李世民，李世民同样不计旧怨，量才重用，使魏征觉得"喜逢知己之主，竭其力用"，也为唐王朝立下汗马功劳。

林语堂特别推崇苏东坡，甚至有些崇拜和狂热的味道。王安石当宰相时，因为苏东坡与他政见不同，便借故将苏东坡贬官到了黄州，致使苏东坡狼狈不堪。然而，苏东坡胸怀大度，他根本不把这事放在心上，更不念旧恶。王安石被罢相后，两人的关系反倒好了起来。苏东坡不断写信给隐居金陵的王安石，或共叙友情，互相勉励，或讨论学问，十分投机。苏东坡由黄州调往汝州时，还特意到南京看望王安石，受到了热情接待，二人结伴同游，促膝长谈。离别时，王安石嘱咐苏东坡："将来告退时，要来金陵买一处田宅，好与我永做睦邻。”苏东坡也满怀深情地说：“劝我试求三亩田，从公已觉十年迟。”二人一扫嫌隙，成了知己。这便是忘记的好处了。

当我们有对不起别人的地方时，便会深切地渴望得到对方的谅解，深切地希望对方把这段不愉快的往事忘记！将心比心，我们为什么不能用如此宽厚的想法去对待别人呢？

人生在世，总记着别人的不好，那么，一个人的心胸就会越来越窄。知识可以多容，前嫌还是少记，是非曲直，不要老放在心头，只有这样才会拥有更多能够助我一臂之力的朋友，否则，当这个世界上只剩下了敌人的时候，你还有什么好日子能过呢？

凡事亦雅，但不必刻板

方外不必戒酒，但须戒俗；红裙不必通文，但须得趣。厌催租之败意，亟宜早完粮；喜老衲之谈禅，难免常常布施。

——林语堂《乐享余年》

苏东坡曾站在古赤壁口，慷慨高歌，“大江东去，浪淘尽，千古风流人物”。又懒洋洋地闲庭信步，风流别致地吟唱“但愿人长久，千里共婵娟”。一个苏子，两样情怀。若真令关西大汉击铁板而歌，恐怕是会尽毁那连柳永的艳词都比不上的妩媚的。

所以，但凡做事非要求定论的，不是愚人即是傻子。变通之术全无，只一片痴心情牵一线的，往往体会不到人生最宝贵的乐趣，即适意，即随性，即雅致而不得刻板，即林语堂先生所说的不须戒酒，但须戒俗，否则再珍贵的酒都成了牛饮的蠢物了。

但凡了解林语堂一二的人，都知道他特别喜爱钓鱼，而钓鱼可算得上是件挺高雅的事了吧。尤其是林氏夫妇这样收入颇丰又乐于游山玩水的人，自然是到那些非常有情调的地方去了。

张潮曾云：天下无书则已，有则必当读；无酒则已，有则必当饮；无名山则已，有则必当游；无花月则已，有则必当赏玩；无才子佳人则已，有则必当爱慕怜惜。

他的意思是，天下没有书就罢了，只要有，就一定要去阅读。这是嗜书如命者的愿望，否则就会造成终身的遗憾。

天下没有美酒也就算了，若是要有，就一定要去喝个痛快。这是好酒如命者的愿望，不然也会造成千古恨。

天下没有名山也就罢了，倘若是有，就一定要去游玩登览。这是嗜爱山水者的愿望，否则的话，心中总不会安定。

世间没有鲜花和明月也就罢了，只要是有，那就一定要去赏玩。这是热爱鲜花和明月者的愿望，否则的话，将来就会悔恨。

世间没有才子佳人也就算了，若是要有，那就一定要加倍地爱慕，万分地怜惜。这是热爱生命和注重感情者的愿望，否则，便有损于自己的良知。

以上所说的这些书、酒、名山、花月和才子佳人，都是我们这个天下最美好的人和物了；若是不去阅读、豪饮、尽情游览、静心赏玩、爱慕和怜惜，不仅自己一定要遗憾，同时也辜负了天地造物的一片苦心了。也就是说，要顺其自然。不要约束自己，以致造成千古的遗恨。

世间若果真没有山清水秀的好地方去钓鱼尽兴，找一片沙滩学林语堂拾拾蛤蜊不也一样是一种乐趣吗?

我们种花，是要看花的开放和美丽；我们待月，是要看见月的圆满和皎洁；我们著书，是要看见书成出版并且有读者认可；我们喜爱美人，是要看见她自己畅快适意，感觉到人生的幸福。这才是我们心里实际的目的。

如果不是这样，而只看到的是花凋落、月沉下、书不成，美人不高兴。扫兴没趣且不说他了，而种花、待月、著书，这一切的劳动岂不是徒劳吗?

人在劳动中融入了自我的价值，又从成果中得到了肯定。因此，凡事总要努力做到圆满，并且有了成果方好！

不少的人，为了附庸风雅，便在家里摆满了书籍，有时真让人羡慕。可是他们就是不读，摆在那里的确是虚设。然而对他们来说，却是有着无限的意义，向人们表示着他们的文化修养之高深。如果说，外在的摆设书籍，就能够代表胸中的学问，那么一个图书馆的清洁工就应该是最有学问的人了。

说到美人，那真是让人遗憾的地方多。

正如那《琵琶行》中说的：

老大嫁作商人妇，商人重利轻别离。

商人不能够真正了解那美人的心，没有那高雅的境界来与美人共鸣，总是让美人的心理不平衡，情思难以抒发。最多只是占有了她们的肉体，却一毫也得不到她的心灵和情意，岂不是虚设！

高位应该是有德者居之，美人也应该是有才者赏之！才子遇佳人，是万世千秋人们的感叹！有了缺憾，也才会有希望和理想！

其实，人生本来就是美好的，没有任何人能够阻挡你去得到你应该得到的幸福和美感。天地万物，自然风月，才子佳人，图书美酒，到处都是，而影响到你去欣赏的，只能是自己的心理约束。

我们往往贪图了社会的功名富贵和享受，自然会把自己约束起来，封闭起来。结果，是为了短暂的快乐，而忽略了永远的美感和永恒的享受。

能够让我们自在的，还是我们自己的心灵！

就如泰戈尔说的，虽然天空没有痕迹，但鸟已飞过。假如你曾经与心爱之物如此接近，就算最后仍是错过了，失去了，或者有这样那样的不圆满，能有什么关系呢？“得不到”的美感，将永存于天地之间。

争的脸面还是命

中国人的脸，不但可以洗、可以刮，并且可以丢、可以赏、可以解、可以留，有时好像争脸是人生的第一要义，甚至倾家荡产而为之，也不为过。

——林语堂《脸与法治》

是啊，不管旁人的眼光如何，只要自己乐意，脸面丢不丢又有什么问题？后来林语堂就不在乎了，他在幽居的法国小镇上不受风俗习惯的拘束地生活着，有时林语堂走在街上不知何故会突然兴奋地高喊起来，旁若无人。而坐在露天咖啡店里喝咖啡，他也会大声打着呵欠，旁边的人吃惊地看他，他也不在乎，心安理得，一副无事人的样子，这该是种多么自如潇洒的境界啊。

看来，面子并不能成为扼杀快乐的凶手。可是，大多数人都不太明白这个道理，他们碍于面子做着许多本不愿去做的事情，搞得自己整天都疲惫不堪。

中国人和西方人最大的差异之一，就在于一个“面子”的问题。但凡西方人犯错，不管在场的有没有外人、生人，他们都会点点头，耷下脸皮儿说道“是的，我承认我错了，”或者“是的，我承认你是对的，但是……”而我们许多中国人就大不一样。如果当面受到非难，别说认错了，肯定马上就反唇相讥，甚至翻脸，以至多年至交好友一朝成为仇家，你看这个“脸面”有多重要。

生活中不难发现这样一种人，虽然其人思路敏捷，而且不管自己说出的话对或不对，都坚决认为自己是正确的，哪怕他把莎士比亚说成是西藏人都还嘴硬。但一说话就口若悬河，显得很狂妄，令人很难接受他的观点和建议。这种人大多是因为太爱表现自己，总想让别人知道自己很有能力，处处想显示自己的优越感；从而获得他人的敬佩和认可，结果却往往适得其反，失掉了在人们当中的威信，遗人笑柄。

人与人之间理应是平等和互惠的，正所谓“投之以桃，报之以李”。那些谦让而豁达的人才能赢得更多的朋友。相反，那些妄自尊大，高看自己，小看别人的人总会激起别人的反感，最终使自己变得孤立无援，别人都敬而远之，甚至是“厌”而远之。

在交往中，任何人都希望能得到别人的肯定评价。都在不自觉地强烈维护着自己的形象和尊严，如果他的谈话对手过分地显示出高人一等的优越感，那么无形之中是对他自尊和自信的一种挑战与轻视，排斥心理、乃至敌意也就不自觉地产生了。

在洛阳有一位男子因与人结怨而处境困难。许多人出面当和事老，但对方一句话也听不进去，最后只好请一个叫郭解的人出面，为他们排解纠纷，郭解晚上悄悄地造访对方，热心地进行劝服，对方逐渐让步了。如果是普通人，一定会为对方的转变而沾沾自喜，但郭解却不同。他对那位接受劝解的人说：“我听说你对前几次的调解都不肯接受，这次很荣幸能接受我的调解。不过，身为外地人的我，却压倒本地有名望的人，成功地排解了你们的纠纷，这实在是违背常理。因此，我希望你这次就当做我的调解失败，等到我回去，再由当地有威望的人来调解时才接受，怎么样?”

这种做法实在是异于常人，细想起来真是一种使自己免遭众人嫉恨的明智之举。既保护了自己，又留下了为人称道的美名。谁能说郭解不是大智之人呢？比较起来，那些极力显示自己才能的人，不过是小聪明罢了。

说起要脸面的危害，林语堂先生给我们讲了这样一个有趣的小故事："比如前年就有丘八的脸太大，不听船中买办吩咐，一定要享在满载硫黄之厢房抽烟之荣耀。买办怕丘八问他，识得不识得'你的老子'，便就屈服，将脸赏给丘八。结果，这只长江轮船付之一炬，丘八固然保全其脸面，却不能保全其焦烂之尸身。"

其实脸面这个东西，不是让你不要，但也不能要求过分，否则就有了性命之忧。如果你洁身自好，谨行讷言，不遗人把柄，不夸富斗强，只在一边自娱自乐的，那这脸面就是为自己保全了，还有什么好争的？

现在即天堂

> 我们的尘世人生因为只有一个，所以我们必须趁人生还未消逝的时候，尽情地把它享受。如果我们有了一种永生的渺茫希望，那么我们对于这尘世生活的乐趣便不能尽情地领略。
>
> ——林语堂《尘世是唯一的天堂》

过去是一种思忆，从梦境中来，自梦境中去，不管是炫目还是忧愁，都走得异常坚决。将来却是花尖上的露珠，你不晓得明天它会在哪朵花上安静地等你。因此，现在是你唯一的存在，尘世是你唯一的意义。过好了今天，人生就无悔，也别无他求了。

我们的生命总有一日会灭绝的，这种省悟，使那些深爱人生的人，在感觉上增添了悲哀的诗意情调。然而这种悲感却反使中国学者更热切深刻会要去领略人生的乐趣。

基士爵士曾说过一句和中国人的感想不谋而合的话："如果人们的信念跟我一样，认尘世是唯一的天堂，那么他们必将更竭尽全力把这个世界造成天堂。"苏东坡的诗中有"事如春梦了无痕"之句，因为如此，所以他那么深刻坚决地爱好人生。

我们都相信人总是要死的，相信生命像一支烛光，总有一日要熄灭。我认为这种感觉是好的，它使我们清醒，使我们悲哀，它也使某些人感到一种诗意。此外还有一层最为重要：它使我们能够坚定意志，去想办法过一种合理的、真实的生活，随时使我们感悟以自己的缺点。它也使我们心中平安。因为一个人的心中有了那种接受恶劣遭遇的准备，才能够获得真平安。因此，我们过好现在的每一点一滴，就不会让人感到在即将离开人间的那一刻惶恐不是很好的事情吗？

佛经里有这样一个故事：一天，德山宣鉴禅师肩担《青龙疏钞》从蜀地而来。半路上，他看见一个老婆婆在卖点心，于是放下担子来买点心。

老婆婆指着担子问："这些是什么书？"

宣鉴禅师回答：《青龙疏钞》。

老婆婆又问："是讲什么经的？"

禅师答道："讲的是《金刚经》。"

老婆婆听完后，说："我有一个问题，你要是能答得上来，我就把点心送给你。但是如果答不上来，那就请你别处去买吧。《金刚经》上说：'过去心不可得，现在心不可得，未来心不可得。'不知禅师点哪个心？"

宣鉴禅师无语应答。

故事是说，过去的早已过去；现在的当你说出时，也已成为过去；未来则是遥不可及，那么，哪一个心是真实的心呢？

真实的心灵存在于无数个当下的瞬间汇成的永恒之中。只有在生的河流中去把握这每一个生的瞬间，才能真正体会生的意义。

"活在当下"是禅宗的语言，是说人应该放下过去的烦恼、舍弃未来的忧思，把生命集中在眼前的这一刻。失去此刻就没有下一刻。不能珍惜现在也就无法向往未来了。单纯地活在当下，无意中会尝到一种片刻的甜蜜和自在。

活在当下意味着无忧无悔。对未来会发生什么不去作无谓的想象与担心，所以无忧；对过去已发生的事也不作无谓的思虑与算计得失，所以无悔。人能无忧无悔地活在当下，就不会为一切由心所生的东西所束缚。因此活在当下的人，是愉悦而充实的！

不过，虽然已经懂得了这个道理，但你我却并没有因彻悟而透亮多少。身居闹市的人，整日里喧嚣不宁，一心想拥有那山林隐逸之中的快乐；但是身处在那山林之中，躬耕渔樵的人，却并不见得就以此为乐。这便是一种距离美，叫做身在福中不知福，离开乐地始觉乐。

其实，真正的打鱼、砍柴、务农、种菜、修禅、念经之人，也早已忘却了痛苦与快乐的滋味，更无所谓享与不享了。乐在其中，便是真乐，也是真享！但是，就怕那些不安分守己的人，他们身在世外田园，但却心怀尘世名利，这样肯定就不会享受那山林世外的清闲和雅趣了。

贫穷微贱之人，总是期望着有朝一日，能够建造出园林、修起来亭台，左拥美姬、右抱娇妾，一享那世间最美的荣华富贵。一等到他们真正达到目的，该是满足心愿的时候了吧。

然而，人心不足蛇吞象。他们却为了争取那更大的权力与更多的财产，反而更加奔波应酬，绞尽脑汁，自然也就没有了闲工夫，更享受不了那园亭和姬妾的快乐了。所以，珍惜你现在的一切，过好当下，即是你唯一的意义。

过好现在，有一日的享乐，有一日的意义。它比无谓的幻想要理智得多，也明智得多呢！

快意人生的炫目法则

中国文化的最高理想人物，是一个对人生有一种建于明慧悟性上的达观者。这种达观产生宽宏的怀抱，能使人带着温和的讥评心理度过一生，丢开功名利禄，乐天知命地生活。这种达观也产生了自由意识，放荡不羁的爱好，傲骨和漠然的态度。一个人有了这种自由的意识及淡漠的态度，才能深切热烈地享受快乐的人生。

——林语堂《醒觉》

在大多数人眼中，林语堂恐怕是近现代最会享受“俗世”的人了。无论从他的生活情趣还是“半半哲学”的处世指导思想，都透露着一种狡猾的智慧，并且，以此为依恃。当大家忙得焦头烂额的时候他忙里偷闲，当大家愤世嫉俗的时候他自嘲自乐，当大家追名逐利的时候他泰然自若，就这样，他总能以淡定而温和的笑容面对生活。

林语堂告诉我们，拥有极乐需要几个关键，一是自由意识，一是生死相许的爱好，一是傲然面对俗世的态度，三者缺一不可。若不然，便是欺世盗名，遭人唾弃了。

一般说来，人们都是羡慕那些行为潇洒、风流倜傥、名播青史、痛快淋漓的人，如那些直士、文士和游侠。但是从这些被人羡慕的人本身来说，并不见得就自我感觉良好。

嗜好名声和节操的人，可以为名节去和人拼命，甚至可以去矫饰，目的是为了名节的完美；嗜好文章和诗词的人，也可以为一句辞藻而语不惊人死不休，目的是为了博得一个名声；而那些以游侠自任的人，却往往是打杀有余而仗义不足，目的只是为了争取一个豪爽而已。

说到底，这些大都是所谓的"客气"，是虚伪和无聊的。就像嗜好酒精的酒鬼那样，一旦三杯下肚，便有了无穷的胆气，会许下无边的大话，一派英雄的气概。其实是一点用都没有的，因为这不是发自内心的真正情怀，也不是他自己的本色。这样的人每日都可能生活在痛苦中。

如果追究其根源，这些行为不过是舍不得自己的面子罢了，于自己于他人都毫无裨益。这种种情形，无非都是缺乏道德修养所造成的结果。嗜好名声和节操、嗜好文辞与章句、嗜好游方与侠义，原本也不是什么坏事，只是社会要求树立名节为的是端正风气，推崇文章则为的是鼓励文化，表扬游侠则为的是主张正义。

若是对此没有一个清楚的认识，往往行动起来就似是而非，徒有虚名。如果不是当行的本色，而只是因为一时的兴起，便心血来潮。这样不会长久，反而容易厌倦。岂不是失去了本来的初衷！而唯一能够使得嗜名节、文章以及游侠的人内外浑然，表里如一的办法，就是用道德来涵养，先去除掉外表的浮躁气，从而达到快意人生。

在林语堂的散文中，是随处可见关于"爱好"和"精神"辩证然后统一的境界。如《我的戒烟》一文中有这样美妙又令人忍俊不禁的描写：

"我的朋友 B 君由北平来沪。我们不见面，已有三年了。在北平时，我们是晨昏时常过从的，夜间尤其是吸烟瞎谈文学、哲学、现代美术以及如何改造人间宇宙的种种问题。现在他来了，我们正在家里炉旁叙旧。所谈的无非是旧友的近况及世态的炎凉。每到妙处，我总是心里想伸一只手去取一支香烟，但是表面上却只有立起而又坐下，或者换换坐势。B君却自自然然地一口一口地吞云吐雾，似有不胜其乐之情境。我已告诉他，我戒烟了，所以也不好意思当场破戒。话虽如此，心坎里只觉得不快，哂然若有所失。我的神志是非常清楚的。每回B君高谈阔论之下，我都能答一个‘是’字，而实际上却恨不能同他一样地兴奋倾心而谈。这样畸形地谈了一两小时，我始终不肯破戒，我的朋友就告别了。论‘坚强的志愿’与‘毅力’我是凯旋胜利者，但是心坎里却只觉得怏怏不乐。过了几天，B君途中来信，说我近来不同了，没有以前的兴奋、爽快，谈吐也大不如前了，他说或者是上海的空气太恶浊所致。到现在，我还是怨悔那夜不曾吸烟。

此后，我的良心便时起不安。因为我想，思想之贵在乎兴会之神感，但不吸烟之魂灵将何以兴感起来？有一下午，我去访一位洋女士。女士坐在桌旁，一手吸烟，一手靠在膝上，身微向外，颇有神致。我觉得醒悟之时到了。她拿烟盒请我。我慢慢地，镇静地，从烟盒中取出一支来，知道从此一举，我又得道了。

我回来，即刻叫茶房去买一盒白锡包。在我书桌的右端有一焦迹，是我放烟的地方。因为吸烟很少停止，所以我在旁刻一铭曰‘惜阴池’。我本来打算要七八年，才能将这二英寸厚的桌面烧透。而在立志戒烟之时，惋惜这‘惜阴池’深只有半生丁米突而已。所以这回重复安放香烟时，心上非常快活。因为虽然尚有远大的前途，却可以日日进行不懈。后来因搬屋，书房小，书桌只好卖出，‘惜阴池’遂不见。此为余生平第一恨事。”

对于林语堂来说，他的享受，就是手持烟斗时神采奕奕，文思泉涌，并且度过一个美好的下午。除此之外，逗逗鸟也好，伺候花花草草也罢，总之都不是为生计奔波，为功名利禄硬着头皮做不愿而为的事情。也许，这就是快意人生的具体表现吧。

纯真的妙处

才子阶级中便多有“大孩子”，像托尔斯泰，史蒂文生，巴莱，这些人具有天性的孩子脾气，孩子脾气和合以人生经验，使他们维持永久的年轻，我们称之为“不朽”。

——林语堂《中国人之德性》

童真，这个词仅限于用在成年人的身上，以为还保留着旧日童年的身影。换个角度解释，说某某至今不服老，意气风发，甚有天真无邪的趣味，看样子还有欲与天公试比高的姿态，就是含蕴地表达对这个人“童趣”的过分可笑。当然，其中不乏也有些鄙薄的意思。

实际上，在普通人眼中看来的“童真”，却称得上是一种大智慧。因为施乐者愿以己之“装疯卖傻”坚守着自己精神领地，与世俗抵抗着，与肮脏抵抗着，不会和不入眼儿的人们沆瀣一气，也不会迫于权势鞠躬驼背，而是潇洒自如地乐山乐水去了。

所以，童真也可称为率性，是情由天生，性由天作，志由天指，不是荒唐可恶，乃是人生一大乐事。

无论时光如何雕琢林语堂内心的沧桑，他的这种天真的本色始终不曾改变，并且能够尽享童真童趣颇为得意。

林语堂非常喜欢林太乙和黎明的两个孩子，他称外孙女是“全世界最乖的小妞”，常和她一起玩耍，尽情享受天伦之乐。有时，林语堂也会突然开车到女儿家将小妞带回住几天，他喊小妞是“小蟑螂”，并由衷地称赞：“这小蟑螂真聪明！”当小妞4岁时有了弟弟，林语堂更是高兴得不得了！他常愿与两个孩子为伍，并总是说：“我们三个孩子。”林语堂将自己童年的照片与两个外孙儿的照片拼出一张“三个孩子”的照片，让全家人捧腹大笑。一次，廖翠凤出去买菜，“三个孩子”就将他们的鞋子放在饭桌上，听到廖翠凤快回来了，他们就藏进衣橱。廖翠凤看到桌上的鞋子，不明所以，“三个孩子”在衣橱里忍不住咯咯笑出声来，大声叫着“杀”出来，真是让人又羡慕又嫉妒得不得了！林语堂生活在动荡荒唐的时代，却向来不受浮躁俗世的干扰，我行我素，岂不快哉！

可惜，我们现代人基本上少有这种保持自己本色本心的快乐了。为什么？因为世人总是敌不过那八个字，“声色犬马，功名富贵”！

功名富贵为什么使人迷惑呢？不为别的，就因为它是世俗衡量人价值的一个重要标尺，得到它的人，在社会上能感受到异乎寻常的礼遇，处处高人一头，甚至可以以权势欺人；失去它或得不到它的人，连起码的礼貌也可能享受不到，自己仿佛一下子矮了三尺。正因为如此，功名富贵成为人们必然追逐的目标。在追逐的过程中，冲突争斗也在所难免。大家你争我夺，搅起红尘漫漫，使人彻底迷乱于其间，看不清前途，看不清后路，看不清祸福，看不清生死，对于生活的意义、生命的价值也彻底惑然。大家“跟着感觉走”，不知道从哪里来，要到哪里去，更不要说还能胸中丘壑才华灼灼了。即使有，也随着腰背一起驼了，总不见什么风骨。

如何获得一双看清世界、看清自己的慧眼呢？佛学大家南怀瑾大师说，首先要理智承认功名富贵对人生的价值。有的人对功名富贵嗤之以鼻，这显然是修道走入了偏途，以至背离了事实。人们正是通过追求功名富贵来实现人生理想和向世界奉献价值，完全否定它有什么意义呢？那些追求远大理想和很高人生境界的人，也不会有意跟世俗的价值观背道而驰。孔子曾感慨地说：“自从季孙氏送给我优厚的俸禄后，朋友们更加亲近了；自从南宫顷叔送给我马车后，我的仁道更容易施行了。所以，一个人坚持的道，遇上时机才会受到重视，有了权势然后才能推行。没有这两个人的赏赐，我的学说几乎成了废物。”

在理智地承认功名富贵的价值同时，我们也应该理智地看到它的局限性。人生的终极目的是追求幸福，功名富贵是获得幸福的工具，但绝不是幸福本身。这是无论古今中外，都早已达成的共识。虽然工具是否先进，对达到目标有很大影响，但得到先进工具，不等于达成了目标；没有先进工具，也不等于一定不能达到目标。豪华别墅是很令人满意的一种工具，但若因此招致恶贼以至身亡，今生就不会再有机会去享受这幢房子了。

有的人以为得到功名富贵就等于得到了幸福，拼命追逐之，甚至不择手段，不计利害，其结果得到的可能是痛苦失落。相反，有的人没有很多钱，没有很高的职位，也没有很响亮的名声，却过着充实而快乐的生活，他们才是真正懂得生命意义和幸福真谛的人啊！可是人们若想踏踏实实地享这种福却也是件难事。当一个人进入官场那个氛围，很自然就想当个大官，要不然，眼看昔日的同僚、下级一个个爬到自己头顶上去，每天在那里揪心，还谈什么享福？赚了一笔小钱，进入商场这个氛围，很自然就想赚一笔大钱。你不想赚，那个圈子也会逼着你赚，除非你宣布倒闭，可是这样又没钱享清福了。

所以说，功名富贵最迷人心智。

所以说，清福难求。

不一定是你喜欢着迷，自然而然就会着迷：不是你不想求清福，自然而然求不到。

所以，唯有本色与本心，才能让你得到清静与洒脱，才能让你永葆人生的魅力。

在佛家看来，人的肉身是幻，那么一切有生死的东西都如梦、幻、泡、影、露、电一般，不可执著，难以永恒。所以，当我们看到那山头的云影烟雾，来去自如，变幻多般，便能够悟到自己的肉身也如同那云烟一般变化无常，才会明白生命的意义不在于对肉身的执著，而应该像行云流水那样，自由自在，无牵无挂。一旦不执著于肉体的物欲，才能够体会到生命的真意。正是杜甫诗中说的："水流心不竞，云在意俱迟。"才能够活出自己的热情。

自然界中的山禽水鸟还没有发展出来人类的意识系统，所以它们所发出的一切声音都本源于自然，具有无限的生机，令人喜爱。我们人类却因为种种情感和识见的浸染，对于天地万物不停地进行选择和取舍，欣爱那美好的，厌憎那丑恶的，以至于所见到的天地万物都被人类的感情和见识打上了深厚的烙印。比如说梅花耐寒、松柏后凋、牡丹国色、芍药妖娆，香草美人，以比君子；恶蒿薰莸，以比小人，都被赋予了文化的含义。其实，鲜花与毒草都是自然的本性，没有任何分别与偏执。但因为人类的自我中心意识，硬是要寓情于景，心性也日趋狭窄闭塞，最终所见所闻也都失去了天真的本色。

林语堂先生说大人物都具有孩子气，不是指他们肯撒娇，淘气以至胡闹，而是对他们源自天性的本心，和以单纯的眼光去对待这个花开花落，云聚鸟散的世界的艳羡之情。我们能够本于心灵之真空无妄，率性而动，便能与自然中的禽鸟相共鸣，去吟唱出自然生命的本色歌曲来。花香鸟语，生机盎然；青竹翠叶，真如法身。在鸟鸣声中识得自性本真，机心顿失，仿佛醍醐灌顶，当下开悟。原来那些残酷的争夺厮杀、戈矛相见以及人间的痛苦烦恼、忧愁悲伤，都是因为我们自己的妄想情识所造成的啊，既如此，何不为自己保存一份天真呢？

小楼观山水

胸藏丘壑，城市不异于山林；兴寄烟霞，阁浮有如蓬岛。

——林语堂《乐享余年》

人生在世，虽不能说是个个都有伊尹、姜尚之才，也不敢说人人都能得陶朱、石恺之富。但所有的目标，都是愿意以自己的一切劳动、拼尽全力来追求幸福的生活。欢乐的人生，是人生的最高目的，没有比它更重要的了。人类文明的演进都是以人类对幸福的追求为目标的，虽然世间的痛苦从来也没有消除过。在这样的一个起点上，在这样一个目的基础上，我们的生活应该听其自然，让每个人充分地、自由地发挥他自己的自然能力，享受心灵的欢愉平静，无论你是美的还是丑的，是贫穷还是富贵，是五体健全还是四肢残缺。但是，对于人们来说，怎样才称得上是能追求得到属于自己的快乐呢?

林语堂对我们说了这样一句话“胸藏丘壑，城市不异于山林；兴寄烟霞，阁浮有如蓬岛”。只要心在，情寄山水，则无一处不是欣喜，无一处不是至上之乐，无一处不是潇洒自在了。哪管你身体是完整还是残缺呢?

哪管你身处混沌官场还是看样子没什么大前途，又不得不强颜欢笑的娱乐场所呢？

当公文轩见到右师时，大吃一惊，说：“这是什么人？怎么只有一只脚呢？是天生只有一只脚，还是人为地失去一只脚呢？”右师却平静地回答：“天生的，不是人为的。老天爷生就了我这样一副形体让我只有一只脚，人的外观完全是上天所赋予的。所以知道是天生的，不是人为的。”

是的，只要是天然的，我们就应该平静地接受它。就好像野鸡，在沼泽边生活的时候，要走上十步才能吃到一口食物，走上百步才能喝到一口水。但是，这样的生活也比被人圈养在笼子里要好许多倍。野鸡生活在笼子里，虽然不必费力寻找食物，但是失去了自然的生活，即使精力旺盛，也不能谈到快乐。

所以，一个人是否幸福，并不取决于他所处的外部环境是否完美。一个良好的外部环境最多只是个人幸福的客观条件；一个不好的外部环境也不能成为个人不幸的理由。幸福首先取决于心灵的虚空澄明和良好的生活意识。只有这样，即使身处逆境，也能在茫茫天地间找到自己快乐生活的理由。

如果，一颗澄明的心灵会顺从自然赋予在人身上应有的变化实情，平静接受自然赋予在自己身上的规律。只有一条腿又怎么样，右师内心早以坦然接受。形体的残缺从来不影响精神的完全，真正的美在于神不在于形。所以，右师的精神是完整无缺的。《庄子》中，丑陋无比的卫人哀骀它之所以能够让男人亲近他，女人爱恋他，也是因其精神的力量，因其精神中有着能带给他人快乐、幸福的力量。

但是，古往今来的芸芸众生总是看不破这形与神的关系。所以，经常陷入自悲自怜自叹之境，认为“悲苦之词易写，欢愉之词难工”，“心比天高，命比纸薄”年纪轻轻就有弃世厌世之心境，悲苦的人生体验要远远胜过对欢愉的感受。

16 世纪的莎士比亚在《麦克白》中哀叹：“人生不过是一个行走的影

子，一个在舞台上指手画脚的拙劣的伶人，登场片刻，就在无声无息中悄然退下，它是一个愚人所讲的故事，充满了喧哗和骚动，找不到一点意义。”一个人的生命变成了这样的过程：他们出生，他们受苦，然后他们死亡。生命的个体，俨然成了荒原上的流浪汉。

仿佛是奉了什么旨意，现代人生活中的焦虑随处可见。尽管现代人表面上更倾向于自由选择，但实际上却受到很多的束缚和控制：各种各样的广告、各种各样的煽情剧、各种各样充斥于耳的流行歌曲……我们真的拥有着从来没有过的自由吗？现代社会的心理疾病较之以往既繁多又复杂。人类存在的最大悖论就是他不得不端起自己亲手酿造的苦酒，不管是有意还是无意中制造出来的。这杯苦酒就是他割舍不下的生活。

但是，人生真的是这个样子吗？我们真的愿意让自己的人生成为荒原吗？

人生的苦难究竟是因为本性被压抑而不得抒发，还是因为本性被名利欲望所遮蔽而丧失呢？或者是二者兼而有之？

是的，人生并不必然痛苦，至乐是可以获得的，就看你怀着一颗什么样的心灵。

在林语堂看来，从古至今能够仅为了心灵和自由而去过属于自己生活的第一人是陶渊明。他那时的住处，位于庐山之麓。当时庐山有一个闻名的禅宗，叫做白莲社，是由一位大学者所主持。这位学者想邀他入社，有一天便请他赴宴，请加入；他提出的条件是在席上可以喝酒。本来这种行为是违犯佛门戒条的，可是主人却答应他了。当他正要签名入社时，却又“攒眉而去”。

他就是这样地过他的一生，做一个无忧无虑的、心地坦白的、谦逊简朴的乡间诗人，一个智慧而快乐的老人。在他那本关于喝酒和田园生活的小诗集、三四篇偶然冲动而写出来的文章、一封给他儿子的信、三篇祭文和遗留给子孙的一些话里，我们看出一种造成那和谐生活的情感和天才；这种和谐的生活已达到了炉火纯青的境地，没有一个人能比他更卓越。

这就是我们应该追随的生活。既然身在喧嚣，若你不能及时了解“乱花渐欲迷人眼”的红尘俗世，那么终有一天，你所有的心性、精灵都会被其同化，跌落万劫不复的境地。如果以“看破浮生过半”的“半中岁月尽幽闭”的心情去对待，何处是高山幽谷，何处是大江小溪，何处是云舒风淡，都只是你阁楼中的半里乾坤了。

在游戏中工作

人们在乡村中劳苦工作，希望能够到都市去，在都市里赚足了钱，可以再回到乡村去隐居。

——林语堂《人类是唯一在工作的动物》

几乎所有的人在学校的时候都纯洁得如一汪泉水，因为不知道工作是怎样一回事。在他们心目中，工作就是快活地忙碌，是和同事们下班后在一起用工作餐时的戏谑，是节假日大家一起去游山玩水的兴致，是没有功课、没有考试的全新无忧无虑境界的开始。工作并不是让人满心欢喜的。至少你会坚定地认为，自己的付出与薪水并不能持平，是“物不尽所值”而愤愤不平了。于是你想把自己“卖”出个更高的身价，于是工作起来就越是勤苦越是不自由，于是生活的所有空间和时间都被它压榨得干干净净了。

林语堂曾幽默地说，这个世界有两种人为工作而生存，或是为生存而工作。一种是早晨起来后，喝了些咖啡，丈夫出去到某地方，为家人去寻求面包，妻子便在家里不断地、拼命地把尘埃扫出去，使那一块小小的地方干净一些。下午四五点钟，她们跑到门边和邻居们谈谈天，吸了一些新鲜空气。到了晚上，他们又拖着疲乏的身体睡上床去。另一种，则是他们有着较“美术化”的房间和灯罩。房间里布置得较干净！房中稍有空处，但也仅是一些而已。租上七个房间的已算是奢侈生活，更不用说是自己拥有一套七个房间的公寓了！但是住在公寓里，也不一定会有更大的快乐，只不过是少受一些经济和债务的烦扰。可是情感上的纠纷、晚上不回家的丈夫或夫妻各自在晚上出去游乐放荡等类事件，却反而较多了。他们所需要的是娱乐。真是天晓得，他们要离开这些单调的墙壁和发光的地板去另找刺激！

他们快乐吗？很显然，答案是否定的。

人是一种欲望的动物，不做梦是不可能的。但过于相信梦，就可能被梦境所骗，时过境迁之后，就会产生“世事一场春梦，人生几度秋凉”的失落。从而为自己曾经成了工作的动物或是放荡后余下的痛苦的躯体而感到 恓惶了。

所以，我们不如用比较现实的方法来解决问题。既不让你过得太痛苦，又不让你无节无度。这里有一个方法，信不信由你：以玩游戏的心态来对待生活中的每一件事。

游戏比梦有价值，而且心情更好。为什么呢？人在梦中，有忧伤恐怖痴迷颠倒；在游戏中，虽然觉得紧张刺激，但是很过瘾。玩赢了，再来；玩输了，也可以再来。得失心会淡得多。得失心一淡，痛苦就少多了。

任何一个工作场合和任何一个生活情景都可以是我们的舞台，我们在展示自己的同时，既可以愉悦自己，也可以给我们身边的人带来快乐。在今天的一些大型乃至跨国公司，都越来越多的奉行游戏工作的原则。就是说，只要你能精力充沛地工作，想坐着就坐着，想躺着就躺着，没有人不允许你吃零食、看漫画，也没有人反对你穿溜冰鞋。总之，一切都为了一个目标：充分发挥你的潜力才智。

以游戏的心情做事，可能不是人人都认同和提倡的。但是，它确实是营造快乐人生的秘诀。

岁月在雕琢

人非已老何以能够聪明。

——林语堂《乐享余年》

中国大致算得上是尊老爱幼的国家了，并且这种尊崇是很博爱的，以至“老吾老，以及人之老；幼吾幼，以及人之幼”的高度。在一般人观念里，只怕从出生那刻起，就梦想着自己儿孙满堂，可以对其施加教训，多有威严啊！我们如了解中国人之如何珍视老年，便能明了为什么中国人都喜欢倚老卖老，自认为老。林语堂先生曾这样为我们分析了中国人尊奉长者的原因。“第一，照中国的礼貌，只有长者有发言的权利，年轻的人只许静听。所以中国有‘少年用耳不用口’那句老话。凡有年龄较高的人在座时，年轻的人只许洗耳恭听。世人大都欢喜发言而受人听，因此，在中国必须到相当的年龄才有发言权利这件事，便使人期望早些达到老年，以便无论到什么地方都可以多说几句话。这种生活程序之中，人人须循序而进，每个人都有同等达到老年的机会，而没有一个人能躐等超前。因此，当一个父亲教训他的儿子时，如若祖母走来插口，那做父亲的便须停口，谨敬恭听。这时他当然很羡慕那祖母的地位。年老的人能说：‘我所走过的桥比你所走过的街还要多。’因此，以经验而言，年轻的人在长者面前，没有发言的权利，只能洗耳恭听，这是很公允的。”

“中国女郎达到22岁而尚未出嫁或定亲时，也常要感到一些恐惧。岁月很忍心地按部就班地消逝，一刻也不肯停留。女人常怕被岁月所遗弃，如在公园晚间园门关时不及出去而被关闭在里边一般。因此常有人说，女人一生中最长的一年是29岁，直可以延长到三四年之久而依然是29岁。但除了这种情形以外，隐瞒年龄便属毫无意思。在旁人的眼光中，人非已老何以能够聪明。年轻的人对于生命婚姻和真有价值的事物能知道些什么？”

人的一生都是从孩童时期开始，然后走向终点。可是大多数人却很忌讳说自己已然老矣，花大价钱大力气让自己看起来依旧年富力强，其实大可不必。因为，在很久之前先哲们就已然将人生分作三段来告诫世人。从出生到年老，中间不过是经过青年一段，最后你从初生时的混沌回到年老时的浑噩，正是从天真走向天真，并且人是越来越聪明，难道不好吗？其实走好人生的关键并不在你活了多久，而是看你活出了什么滋味，看你活出了什么故事吧。孔子也说：“君子有三种戒忌：年少的时候，血气尚未稳定，要戒女色；到了壮年，血气旺盛刚烈，要戒争斗；到了老年，血气已经衰弱，要戒贪得无厌。”

人生三个阶段，各有各的特色，各有各的缺陷。所以，少勿所喜，老勿所悲，无论你走到哪一站，都有等待你去做，去戒的事情，无论你走到哪里，都妙趣横生。

青少年就如刚抽芽的嫩柳，对人生懵懂无知，他们在成长中虽拥有看似用不光的青春，却不知道养身之道，因此，他们成长关卡在于色即情与爱，最需师长父母的关怀。

青壮年的成长关键在于无怨无悔，只为成立家庭，即使衣带渐宽、日形憔悴，亦甘之如饴；青壮年的成长关卡在于事业名利，只为建立事业，奔波劳累，亦在所不惜。

所以，青壮年的学习关键在于不惑即不为名利所惑，要能把事业当志业、乐在工作；青壮年的学习关卡在于知天命即有所为有所不为，要能去除个人主义、成就团队力量，努力让自己不浮不躁。

然而，看似蓬勃向上的青年，却少有老成的，他们无一例外的不是曾经轻狂过、放纵过，乃至让自己的人生沾上了污点。如此看来，青年时代也是烦恼的。但若是要做到无怨无悔，到老来怡然自得，关键还在于修身做人，培养自己的浩然之气，保持自己的高远志向，必须要抑制急躁的脾气、暴躁的性格。做事戒急躁，人一急躁则必然心浮，心浮就无法深入到事物的内部去仔细研究和探讨事情发展的规律，无法认清事物的本质。气躁心浮，办事不稳，差错自然会多。

等到看遍了一路的风景后，人终于来到了老年。心境也由少年的放荡、青涩，壮年的璀璨成熟归于平淡，美好的“仗”已经打过，好汉不提当年勇；老年的你我终于明白了，舍得，能舍才能得，以回馈的心看清纷扰世事。

人生有三重境界，这三重境界可以形象地比喻为：看山是山，看水是水；看山不是山，看水不是水；看山还是山，看水还是水。

看山是山，看水是水。这重境界是针对孩子说的，孩子来到这个世界，什么事对他们来说都是新鲜的、陌生的，只有通过家人和老师来教育，他们才会认识事物。你告诉他这是什么，他便认识了什么，不会故意认错，你告诉他这是老虎，他就不会管它叫猫。

看山不是山，看水不是水。这重境界是对有了些阅历在胸的，成年人说的，随着年龄的增长，自我内涵逐渐丰厚，人们的思想也变得越来越复杂了，不再轻易相信眼前的一切，而是用心用脑去认识这个世界。

此时，人们看到的山不再是单纯意义上的山，水不再是单纯意义上的水了，以致出现了许许多多现代版的“指鹿为马”的故事。有些人站在这山，发现那山更高；沐在此水，又想到那水更净，欲壑难填，永远也没有满足的一天。有些人为名、为利、为美色绞尽脑汁，活得很累。其实，人生苦短，只要活得快乐便行，何必追求过高甚至不着边际的标准呢?

看山还是山，看水还是水。这重境界是针对老年人说的。步入老年，从岗位上退了下来，许多人都能认真反省自己的大半生，忙忙碌碌，最后得到了什么?有些人实现了理想，却牺牲了健康；有些人积累了财富，却失去了诚信。真是得不偿失。

然而，最后还是醒悟了，于是就如金秋结子般，光彩宽容地度过余生。他们不再追逐物欲，却有了一种与天地同齐，同寿的气度，这就是豁达，坚定，不以物喜，不以己悲的境界。试问此时，谁还敢来与之争衡?所以，少年做好少年应做的事，老年也可尽享老年的智慧，人人都没什么抱怨了。

第七章

儒道学生：品读林语堂的精神家园

出世与入仕，道家与儒家，本是同根生，却沿着各自的道路踏出了纵贯千年的不同痕迹。在今天，“儒”，代表着你的智识，你的作为，你的努力；“道”，彰显着你的胸怀，你的修养，你的魅力。寓儒于道，或者寓道于儒，精神就不会生锈，而是会青春永驻地反射阳光。

人生这张山水画

人生在宇宙中之渺小，表现得正像中国的山水画。在山水画里，山水的细微处不易看出，因为已消失在水天的空白中，这时两个微小的人物，坐在月光下闪亮的江流上的小船里。由那一刹那起，读者就失落在那种气氛中了。

——林语堂《苏东坡传》

人之所以为人，全在于那一点精神，而不是其他。哪怕你是骑着三轮儿穿着洗得发白的衣服上街，只要露出真我率性，就一定会引得满街人的注目。

1939年，林语堂一家五口赴美，从美国旧金山下船上岸，林语堂一家人住进相当豪华的宾馆，房费是每间每日18美元，相当于60大洋，当时在美国很少有中国人住一流宾馆。林语堂这样做，除了让妻女好好休息，他还有个想法，即不让美国人瞧不起中国人！可能对这一家人的穿戴感到好奇，或许觉得黄种人住进这样的高档宾馆不可思议，林语堂一家人在餐厅用餐时，美国人都投来好奇的目光。林语堂夫妇神态自若，三个女儿却有点发慌，她们从没这样被人盯看过，女儿羞得不敢抬头，这时，次女林太乙悄声问爸爸："那些白人为什么这样看我们？"

林语堂呵呵一笑，大声说："我们在外国，不要忘记自己是中国人。作为一个中国人既要平和又要自豪，既不能妄自尊大更不能自卑自弃。"因为美国人听不懂中国话，所以林语堂尽可放心说话。

略作停顿，林语堂又说："外国文化与我们不同，我们可以学它的长处，但不要因为外国人笑话我们与他们不同，就感到自卑，甚至怀疑我们的文明。因为我们的文化比他们的悠久而又优美。"

女儿问道："面对外国人我们该怎样做？"

"外国人和我们是一样的人，没什么可怕的。关键是有话直说，不阿谀奉承，不唯唯诺诺，不自卑狂妄，直起腰来做人做事，只要你有本领，外国人就会尊敬你，佩服你！"

没错，只要你有本事，不自卑、不自贱，那么所有人都会尊重你的。

有一个贫穷的姑娘，她18岁了，却从来没拥有过一样真正属于自己的"奢侈品"，比如洋装，比如发夹。

这天，妈妈给了她50块钱，因为明天就是她18岁生日，妈妈让她为自己买点什么。她兴奋过了头，因为终于可以第一次昂首挺胸地走进商店了。

她来到卖饰物的屋子，试了一个墨绿弹绸的发夹，那个亮闪闪的小东西别在她油亮的发辫上简直就像美丽的公主。只不过，需要耗费掉她30元钱。

权衡再三，她终于戴着它走了，一路上她跑着，跳着，神采飞扬，她撞到了一位老人，老人刚要叫住她，她飞快的步子早已不知带她到哪去了。

大街上的人们诧异了，他们镇上竟然还有一个这么漂亮的姑娘。像仙子一样的漂亮姑娘啊！大家惊讶的目光和女孩儿们嫉妒的表情让姑娘觉得春天来了，真的来了。她摸摸发烫的脸颊，觉得小发夹的魔力真的是不可思议，就决定回去再看一看。

刚到了商店的拐角处，一个人拦在她面前，原来竟是她刚才碰到的老人。她大吃一惊。只见那位老人笑吟吟地对她说，我就知道你会回来，你看，你把它掉了。老人伸出手，里面静静地躺着那个墨绿发夹。

一切俗物，都如同那个发夹，虽然能为你增光添彩，但没了它，只要你精神不失，照样能让人见之忘俗。

就像林语堂说的，是那种令人沉醉的意境气氛。

既然自己渺小，就渺小好了，可是一定别忘了，你还有一半是博大。它不显山，不露水，在幽然中生，在自然中长。

一个人，想活出自己的意思，就不要在乎自己的渺小，而是要努力地，坚决地，把画面上的所有描成烘托和渲染，让它们反衬出你精神的可贵和人生的价值便好。

若此历练

我们必须先有哭，才有欢笑，有悲哀而后有醒觉，有醒觉而后有哲学的欢笑，另外再加上和善与宽容。

——林语堂《醒觉》

我们总归是知道，这个世上的哭确实比笑要多。想让人生之路平平稳稳，光辉灿烂，一定是不可能的事情。若是沉溺于痛苦之中难以自拔，那就一定是个傻子，为人，怎么能忘记阴雨过后一定有彩虹，晴天总比雨天多这个道理呢？

林语堂告诫人们，人一生当中绝对会碰上不如意的时候，它甚至会令人痛苦得无处存身。这些不如意有很多种，例如，生意失败、失恋、被羞辱、工作不顺、家道中落，等等，依各人承受程度不同，这些不如意也会对各人形成不同的压力与打击。面对这些劲敌有人根本不在乎，认为这只是人生中必然会碰到的事；有人会对此淡然一笑，很快挣脱沮丧，重新出发；但有些人只被轻轻一击就倒地不起，哭得像丧失亲人一样，这显然是不应该发生的。

因此，你一定要记得，不管你遭到的不如意程度如何，只要你在主观感受上已到了沮丧、消极、痛苦，几乎要毁灭的地步，那么先读读林语堂的这句话，再下决定。

林语堂此生最大的痛苦莫过于长女林如斯自杀，当时她仅有48岁，却在台湾故宫博物院的宿舍里吊死在窗帘杆上。这对他们无疑是晴天霹雳。

在爱女死去，经受了难以承受的打击后，林语堂首先坚强地站起来。当夫妻相对无言，以泪洗面时，林语堂总劝说妻子要坚强，要勇敢地跳过眼前这个万丈沟壑，于是，他们总相互安慰说："我们谁也不要再哭了，我们不哭了。"

女儿问父亲："人生有何意思？"

"活着要快乐。"因为声音哽咽，林语堂再也说不下去。

好在《当代汉英词典》的校样下来了，林语堂精神为之一振，他开始慢慢投入校对工作。为了让妻子廖翠凤尽早恢复常态，林语堂让她打盖图章，即林语堂校完一张，廖翠凤就用红章盖上去表示校过，他们需要的是时间来消弭痛苦，而林语堂觉得自己可以做到；确实他跨过了心中那道门槛，写下了《八十自叙》，为自己的人生和写作生涯圆满地画上了句号。

对于每个人来说，总有一天痛苦会到来，在那个时候，你不能去计较面子、身份、地位，也不要急着出头，这种日子很容易让人沉不住气，但只要沉得住气，只要"存在"，就有希望，就有机会。这不是在安慰你，而是事实本就如此。

孔子曾说，"乐而不淫，哀而不伤"。就是告诫人们，享受乐趣时不要太过分，而忧愁的时候也不必过于伤感。这是一种中庸的美感，用区区八个字就道尽了奇妙的处世态度。

作为一个成熟的人，如果有一天，每个人都说你没希望的时候，你也不要气馁，因为你是一个顶天立地的人而不是什么怯懦的动物。在这种时候，你需要的就是对自己的信仰，相信自己，自己不会输给任何人，即使面临着短暂的失败，也要抱着信心再试一次。就像那个不说放弃，不说失败，而只是淡然一笑说知道了999种东西不适合做灯丝的爱迪生。

有一棵小树被人砍断了树干，它悲哀地想：我即使活下来，也会成为一棵怪模怪样的树。那个人为什么不把我连根拔除？

但每日阳光温柔。

但每日雨露芬芳。

小树的伤口很快如珍珠般愈合，又从珍珠里发出嫩绿的新芽来。小树默默生长，竟长成了一棵粗壮的大树。

受摧残者茁壮成长！

而另外一棵小树因为一直没遭受什么意外，长到半大的时候，就因为树叶太多垂弯了腰，反而不如那棵曾被砍伐后重生的小树挺直、健壮。

佛陀走过旷野，看到这两棵树，不禁心生欢喜，就说道：

“不应取法，不应取非法！”

他为何欢喜？

他为何如是说？

那棵自然之树可谓“法”，在规律中存在。那棵被摧残重生的树可谓“非法”，在反抗规律中存在。其实这两者都有其规律，都是“法”。

“法”与“非法”都是法，因此都为智者所不取。一切法之外，乃见真法。

林语堂先生悟得了，并传授予我们，既如此，就再没有什么值得悲伤的事情了！或者，面对困境，苦一半以自强，乐一半以自慰，也是一种过人的智慧吧。

爱别人就像爱自己一样

> 一个木匠想做一个斧子的把柄，他只要看看自己手中那把斧子的把柄就够了。他无须另求标准。人就是人的标准。所谓推己及人是也。
>
> ——林语堂《孔子的智慧·导言》

人都是有这样心思的，即“我看我是一枝花，我看别人是烂草堆”。不管做什么，穿什么，吃什么，总是觉得自己行的正，穿的美，食的精，而别人无论如何是赶不上这个境界的。于是，人人都觉得自己个儿“高人一等”，对别人则是毫不留情地斥以贬责，甚至还全盘否定，岂不可笑？

孔子说，仁者爱人，林语堂先生也说，推己达人。他们同是在告诉人们这样的道理，就是“己所不欲，勿施于人”，就是宽容别人，用热爱自己之心去体谅别人的行为。如此一来，既让别人觉得你是大度的，可敬的，又为自己避开了不少的争吵和气愤，难道不是很好吗？

有这样一个故事：一天晚上，一位老禅师在寺院里散步，忽然发现墙角边有一把椅子，一看就知道是哪位出家人违犯寺规翻墙溜出去玩了。

这位老禅师不动声色地走到墙角边，把椅子移开，就地蹲着。没过多久，果然有一位小和尚翻墙进来，他不知道下面是老禅师，于是在黑暗中踩着老禅师的脊背跳进了院子。

当他双脚落地的时候，突然发觉自己踩的东西软绵绵地，忙低头一看，发现原来踩的不是椅子，而是院子里的老禅师。小和尚顿时惊慌失措，木鸡般地呆立在那里，心想："这下糟糕了，肯定要被杖责了。"但是，出乎小和尚意料的是，老禅师并没有厉声责备他，只是平静而关切地对他说："夜深天凉，快回去多穿点衣服吧。"

老禅师宽恕了小和尚的过错。因为他知道，此时此刻，小和尚已经知错了，那就没有必要再饶舌训斥了。之后，老禅师也没有再提及这件事，可是寺院里的所有弟子都知道了这件事，从此以后，再也没有人夜里翻墙出去闲逛了。

这就是老禅师的度量，他给犯过错的弟子提供反省的空间，使其悔悟，自戒自律，所以宽容也是一种无声的教育。

宽容地对待别人的过错，这是何等的胸怀，学会宽容，是一种美德、一种气度，因为你能容得他人不能容，所以你也必将拥有了别人不能拥有的。

古人云：金无足赤，人无完人。宽容地对待别人是一种良药，医治人心灵深处不可名状的跳动，滋生永恒的人性之美。我们不仅要宽容朋友、家人，还要宽容我们的敌人、对手。在非原则性的问题上，以大局为重，你会体会到退一步海阔天空的喜悦；化干戈为玉帛的喜悦；人与人之间相互理解的喜悦。要知道你并非踯躅单行，在这个世界里，虽然人们各自走着自己的生命之路，但是纷纷攘攘中难免有碰撞。如果冤冤相报，非但抚平不了心中的创伤，而且只能将伤害捆绑在无休止的争吵上。

宽容别人，除了不让他人的过错来折磨自己外，还处处显示着你的淳朴、你的坚实、你的大度、你的风采。那么，在这块土地上，你将永远是胜利者。

林语堂先生的智慧是，只有宽容才能愈合不愉快的创伤，只有宽容才能消除一些人为的紧张。学会宽容，意味着你不会再心存芥蒂，从而拥有一份流畅、一份潇洒。在生活中我们难免与人发生摩擦和矛盾，其实这些并不可怕，可怕的是我们常常不愿去化解它，而是让摩擦和矛盾越积越深，甚至不惜彼此伤害，使事情发展到不可收拾的地步。用宽容的心去体谅他人，真诚地把微笑写在脸上，其实也是善待我们自己。当我们以平实真挚、清灵空洁的心去宽待对方时，对方当然不会没有感觉，这样心与心之间才能架起沟通的桥梁，这样我们也会获得宽待，获得快乐。

自高自大、对他人缺少敬意的人，应该体会体会佛经里“众生平等”的说法。你要知道，最轻贱的生命也值得尊重；最轻贱的工作也值得尊重。这也是敬自己呢！

知足是镶在心上的水晶

一个强烈的决心，以摄取人生至善至美；一股殷热的欲望，以享乐一身之所有，但倘令命该无福可享，则亦不怨天尤人。

——林语堂《中国人之德性》

说起知足这个话题，可能很多人都觉得是个道家学术中推崇的“清静、无为”，“顺天知命”的衍生物。其实不然，你我都要清楚，知足，先有“知”后才有“足”，是起先铆足劲儿去做，到达一定的程度后再收手。这其中又包含着个“满意”的过程。就如林语堂先生所说，做事情要先讲究个轰轰烈烈，为自己的人生增光添彩，以期获得最理想的快乐，可是努力了，却得不到，也大可不必怨天尤人，否则就是违背自然所给你的愉快的权力了。

知足，果真是儒道结合的亲生血脉，更是人们精神能否晶莹剔透，生命是否阳光灿烂不可或缺的道具。

关于欲望，关于满足，千百年来是仁者见仁，智者见智。也许有的人认为钱财在身即是满足，这也无可厚非，但只要记得物极必反的道理，该收手时就收手，该回归“道法自然”的时候就开心平静地知足。才会得到灵魂与肉体的双重富有，应该是所有中国人共同的理想吧！

然而，如果这个想法都不能实现，我们又当以何种态度去“乐得知足”这不完美的人生呢?

林语堂说，“譬如他至少需要两件清洁的衬衫，但倘是真正穷得无法可想，则一件也就够了。他又需要看看名伶演剧，将借此尽情地享乐一下，但倘令他必须离开剧场，不得享乐，则亦不衷心戚戚。他希望房屋的附近有几棵大树，但倘令是地位狭仄，则天井里种一株枣树也就够他欣赏。他希望有许多小孩子和一位太太，这位太太要能够替他弄几色合胃口的菜肴才好，假使他有钱的话，那还得雇一名上好厨子，加上一个美貌的使女，穿一条绯红色的薄裤，当他读书或挥毫作画的时候，焚香随侍；他希望得几个要好朋友和一个女人，这个女人要善解人意，最好就是他的太太，非然者，弄一个妓女也行；但倘是他的命宫中没有注定这一笔艳福，则也不衷心戚戚。他需要一顿饱餐，薄粥汤和咸萝卜干在中国倒也不贵；他又想弄一甏上好老酒，米酒往往是家常自酿了的，不然，几枚铜圆也可以到汾酒铺去沽他妈的一大碗了；他又想过过闲暇的生活，而闲暇时间在中国也不稀罕，他将愉悦如小鸟，若他能：

因过竹院逢僧话，

又得浮生半日闲。

倘使无福享受怡情悦性的花园，则他需要一间门虽设而常关的茅屋，位于群山之中，小川纡曲萦绕屋前，或则位于溪谷之间，晌午已过，可以拽杖闲游河岸之上，静观群鹈捕鱼之乐；但倘令无此清福而必须住居市尘之内，则也不致衷心戚戚，因为他至少总可得养一头笼中鸟，种几株盆景花，和一颗天上的明月，明月固人人可得而有之者也”。

其实，知足的真面目就是顺其自然，既不严厉，也不苟求，既不费心耗神地追求对自己来说显得奢侈了些的东西，也不让自己那颗小小的心充斥太足俗物的纷扰；既要知天、知地、知命、又要乐风、乐雨、乐春秋四季；既要用儒的进取原则认真地去努力，又要用道家的清心寡欲来遏制那些过分的需求；既要达观处世，又要近山泽、近田园，给自己寻一片宁静，享受身心的几度空灵和明净，这就是知足了。

学会忘记

一个真正的旅行家必是一个流浪者，经历着流浪者的快乐、诱惑和探险意念。旅行必须流浪式，否则便不成其为旅行。旅行的要点于无责任、无定时、无来往信札、无嚅嚅好问的邻人、无来客和无目的地。一个好的旅行家绝不知道他往哪里去，更好的甚至不知道从何处而来。他甚至忘却了自己的姓名。

——林语堂《论游览》

林语堂给我们讲旅行，实际上，他是在告诉我们如何生活，又如何去快乐地生存。他说，英国人到了上海之后必住到英国人所开设的旅馆里边去，在早餐时照常吃着火腿煎蛋，和涂着橘皮酱的面包，闲时在小饮室里坐坐，遇到有人邀他坐一次人力车时，必很羞缩地拒绝。他们当然是极讲究卫生的，但又何必到上海去呢？如此的旅行家，绝没有和当地的人士在精神上融合的机会。因此也就丧失了一种旅行中最大的益处。

《读者》上曾登过这样一篇文章《同路客》，内容是这样的：

小时候每每因为朋友间的融阂而难过，倘若朋友变得冷淡无义，更令自己伤心，其实那时候尚不懂得友情的本质。如同路客，走完某一段路，他要转弯，这是他的自由，在那段同行的路上，你跌倒了他来扶你，遇到野兽一同抵抗，这是情理之中的。路一不同，彼此虽有关联，但也就无法互相援助。但是这时候彼此也许就遇到新的同路客了。

随着环境的变动，任何人在每一个阶段中都会有不同的一群朋友往还，很多昔日的朋友，虽仍牵系心中，要保持亲密却是相当吃力，而能够超越时空依然屹立的友情，其实已经包含爱情的成分。仅是一时投契的朋友，散开后，即使重聚，各人在思想修养感觉上的改变，已经导致大家难以重建昔日的关系了。然而所谓的知己朋友，起初交往时的情浓，令他们在离别后的惦念中依旧互相吸引，即使分隔多年，相见还是如故的，这就是爱情式的友情。

纯粹的友情是自由的，今天萍水相逢，彼此尊重的欢聚，明天可以平淡地分手，甚至忘记。带着爱的朋友之情是浪漫的，却也可能是痛苦的，因为“爱”一开始便要求恒久，不能容忍更多的对象，一旦其中一方面对旧知己失去热情，或者将爱平分甚至转移到新朋友，另一方面只好默然承受。由是，如今我祈求的，只是在一段同行的路上，彼此温暖的朋友。

当看完这篇文章，不知你是否觉得凄惶，并且坚决不肯相信曾经心心相印的朋友会有一天变成陌路。然而，渐渐长大了，现在的你我，试看还有几个保得住曾经那份真情，有几个还会去在乎，去追逐那份友爱呢？不过是白驹过隙，杳杳而无踪影了。

时过境迁，有淡漠已久也许永不再联系的朋友；也有，虽心中牵挂，然远隔千山，生命的交叉点始终交会不到一起去的朋友。是成长让你我明白，生命中太多变数，不是每一样渴望的东西都要永恒，这是生存所必须面对的现实。渴求时间和空间上永远的友谊就像是在灰烬上种玫瑰一样，尽管如此，火花擦出的那一刹，我仍然渴望这是又一个永恒。永恒是什么？它不过是一种心境，并没有什么了不起。有一些曾经会使你深深感动的人，也许永远地从你的生活坐标里消失了，不在你的视野中出现，但是，你会记得跟他们在一起时的感觉，甚至是某一个笑容，就像电影里的大特写，永远地定格在你的记忆中了。

世间没有所谓永恒的情谊，朋友爱人如同过客，不可强求，大家同路，相携而过，过了这一弯，不同路了，彼此又会有新的同路客。何必害怕，何必忧伤呢？

很多人害怕分别，有些人觉得，与其要尝试分别时候的失魂落魄，还不如不要有当初的相遇相识。正如那句话："千里搭长篷，没有不散的筵席"，谁又能守谁一辈子呢？可是，总是有人不明白、不领悟，所以一直痛苦着。

两条鱼被困在车辙里面，为了生存，两条小鱼彼此用嘴里的湿气来喂对方。这样的情景也许令人感动，但是，这样的生存环境并不是正常的，甚至是无奈的。对于鱼儿而言，最理想的情况是，海水终于漫上来，两条鱼也终于要回到属于它们自己的天地，最后，它们相忘于江湖。在自己最适宜的地方，快乐地生活，忘记对方，也忘记那段相濡以沫的生活。你看，这样不是一个很圆满的结局吗？

忘却，是开启快乐动力的一把金钥匙。

在很多时候就是这样，总是沉浸在过去那些温存的片刻，而不愿接受如今的现实，也迟迟无法使自己获得解脱的快乐。有回忆固然好，回忆那些相濡以沫的片段，洒脱一些的人更将相忘于江湖。而此时的相忘并不是真正的忘记，而是以一种淡泊的心态看待一切，以一种乐观的态度去迎接崭新，以一种从容的姿势去设计明天。

因此，无论何时，你都要记得，能够忘记，能够放弃，幸福会因你的忘却泛滥得如风起云涌。

何必要完美

如果人类的心灵都是高贵的，那么我们将变成完全合理的动物，没有罪恶，没有弱点，也没有错误的行为。如果真是这样的话，这世界将变成一个多么乏味的世界，我们一定会变成极讨厌的动物。

——林语堂《论灵心》

有所追求是人生要义，可是若将追求当成人生一种负累，一项义不容辞的责任的话，就不是聪明人所应该有的行为了，这亦是“过犹不及”的道理。然而，偏偏有那么一些人，为了自己的某项“使命”殚精竭虑，非要将它弄得是花儿就要有牡丹倾城的样子，是鸟就得有丹顶鹤高贵的气质，非要让世人为之惊叹，为之扼腕，呼之为“十全十美”如果真如你想象的完美了，成就了，人生也就无趣了。因为从此后，人们都会放弃追求的快乐，梦想的甜美。

追求完美的人以争取高水准为乐，他们要求的是卓越表现，并且完全用成就来衡量自己的价值。结果，他们便变得极度害怕失败。他们感到自己不断受到鞭策，同时又对自己的成就不满意。世上没有永远的胜者，一时的风光，赌不来一世的顺畅。如果尝尽众人之上的滋味，而后再有下落，感受的可能就是悲凉，于是，就不得不拼命向前。可在生命的每个阶段，胜他人一筹的诱惑总在眼前，于是追求完美的人往往将生命变成了一场永无休止的劳役。

追求完美的人最普遍的错误想法，就是认为不完美便毫无价值。这种想法导致追求完美的人害怕犯错，而且一旦犯错后又作出过分的反应。而他们的另一个误解是相信错误会一再重复，认为“我永远都不能把这件事做对”。他们不会自问能从错误中学到什么，而只是自怨自艾。无数的事实证明强逼自己追求完美，会引起像沮丧、焦虑、紧张等情绪不安的症状，进而危害健康，而且在工作效果、人际关系、自尊心等方面，也会大大受到影响。而如果这些人能够放弃追求完美，生活可能会更有意义和更有成就，人生的乐趣也会成倍成倍地增加。

如果我们都有一个十全十美的头脑，则我们在每一新年里便无用作新的计划。当我们在大年除夕回想到一年里所决定的计划时，我们发现我们只做到了三分之一，另外三分之一不曾发现，还有三分之一则已经忘却了。人生之美便在这里。一个计划如果可以完全实现，便不能引起我们的兴趣。一个将军如果预先知道可以绝对获胜，连双方死伤的确数也能预料得到，他对战事便会失掉兴趣，远不如把它放弃不干爽快些；下棋的人，如果知道对方的心灵——不管是比他好的，坏的，或平常的——而无错误，便不会再想下棋。如果我们看小说时，确知书中每个人物的未来灵心动作，因此而料到小说的最后结果，那么所有的小说便无一读的价值了。阅读一部小说，便是在追求一个多变动的、不可测度的心灵，这个灵心由一条以许多连续发生的情势而造成的迷路，在相当的时候，实现其不可测摸的决定。

因此，林语堂说，明智的放弃胜过盲目的放弃胜过盲目的执著。有时候，不求完美，及时忘却更是一种智慧，一种能力。

林语堂是崇尚人的本性和灵性的，因为热爱世俗，所以更加坚定了不能够有个十全十美的世界的信心，在他看来："报纸上没有杀人的新闻，因为那时大家都是无所不通、无所不知，因此没有一所房屋会发生火灾，没有一架飞机会失事，没有一个丈夫会遗弃他的老婆，没有一个牧师会跟歌女私奔，没有一个皇帝会因恋爱而牺牲皇位，每个人的心思都千篇一律，大家都各照着他自己在十岁时所决定的计划去实行，丝毫不苟——这么一个幸福的人世还是省了吧！在这么一个世界里，人生的一切兴奋和骚动全都消灭了。世界没有文学了，因为那时已没有罪恶，没有错误的行为，没有人类的弱点，没有混乱的情欲，没有不规则的举动，最坏的是，没有令人惊异的事物。那就等于四五万观众在看他们预先已知道哪一匹马得锦标的跑马比赛一样，毫无趣味。人类易生错误的本性是人生色彩的精粹所在，正如跳浜跑马比赛上的出冷门一样的有兴趣。试想约翰生博士（Dr. Johnson）如果没有他的固执偏见将成为怎样一个人？如果我们全是十全十美合理性的人类，那么我们非但不能变成十全十美的智者，反而将退化而成自动机器，而人类灵心也只在记录某一些冲动，像煤气表那样机械地记录下来。这便是不人道的行为，而不人道便是不好。"

是的，正如佛家有云：这个世界上没有一片十全十美的树叶。如果你只是为了它而苦苦追寻的话，一定会错过太多太多的美景，太多太多的机会。所以，无论怎样，你都没有必要拿做事需"完美"来惩罚自己。生活中，既然不能拥有至上的"圆满"，便有了遗憾，有了痛苦，有了失落。如果你能领悟"半半"的好处，是个聪明人，就应该明白，即使是缺憾也有它的美，就看人是否能体会得到。逃避不一定躲得过，面对不一定最难受，孤单不一定不快乐，得到不一定能长久，失去不一定不再有，转身不一定最懦弱。

放过自己，回首过去，只要是选择了就不是过错，完美不完美，算得了什么呢？总归还是要听自己的感觉才好。

做神其实很容易

思维是人的本能，但对一个人的错误，以微微一笑置之却是神了。

——林语堂《论东西文化的幽默（一）》

在林语堂的世界中，他是特别推崇宽恕的。或许是因为从小便听信奉基督教的父母祈求上帝宽恕人间的一切罪恶，或许是他认为仁慈和善良是人性中固有的道德，而自己不过是照本心的意思履行而已。

在日常人际交往的过程中，我们难免会遇到些许“冒犯了自己”的事情，每当这个时候，我们面对问题的态度，就往往体现了一个人的心胸与度量：心胸狭窄的人选择斤斤计较，因而“失众友”，心胸宽阔的人，选择用宽容包容一切，因而“聚众朋”。

老子有云：“海纳百川，有容乃大，壁立千仞，无欲则刚。”宽容是人生中最高贵的品质、最崇高的美德，学会用宽容调味人生，生命中就会增添许多乐趣，学会用宽容调味人生，我们也才能得到更多的尊敬与爱戴。

既如此，何为宽容？宽容并非是不讲原则，不分是非，一味盲目地姑息纵容，而是在面对一些无足挂齿的小事时，不妨潇洒地挥手，让不愉快随风而去。宽容就如缕缕和煦的春风，吹开我们心中的愁结，使快乐永驻心间。

宽容与一个人的道德修养、人生抱负息息相关。纪伯伦曾说过："一个伟大的人有两颗心，一颗心流血，一颗心宽容。"一个道德修养高、有着远大抱负的人，一定是一个胸襟宽阔、懂得宽容与饶恕的人；相反，那些没有宽宏大量的气度，凡事只知斤斤计较的人，很难成就大事，成为人们心中真正的英雄。

战国时，魏国边境靠近楚国的地方有一个小县，一个叫宋就的大夫被派往这个小县去做县令。两国交界的地方住着两国的村民，村民们都喜欢种瓜，这一年春天，两国的边民又都种下了瓜种。不巧天气比较干旱，由于缺水，瓜苗长得很慢。魏国的一些村民担心这样旱下去会影响收成，就组织一些人，每天晚上挑水浇瓜。

连续浇了几天，魏国村民的瓜地里，瓜苗长势明显好起来，比楚国村民种的瓜苗要旺不少。楚国的村民一看到魏国村民种的瓜长得又快又好，非常嫉妒，有些人晚间便偷偷潜到魏国村民的瓜地里去踩瓜秧。宋县令知道后忙请村民们消消气，让他们都坐下，然后对他们说："我看，你们最好不要去踩他们的瓜地。"村民们气愤已极，哪里听得进去，纷纷嚷道："难道我们怕他们不成，为什么让他们如此欺负我们？"

宋就摇摇头，耐心地说："如果你们一定要去报复，最多解解心头之恨，可是，以后呢？他们也不会善罢甘休，如此下去，双方互相破坏，谁都不会得到一个瓜的收获。"村民们皱紧眉头问："那我们该怎么办呢？"宋就说："你们每天晚上去帮他们浇地，结果怎样，你们自己就会看到。"村民们只好按宋县令的意思去做，楚国的村民发现魏国村民不但不记恨，反倒天天帮他们浇瓜，惭愧得无地自容。这件事后来被楚国边境的县令知道了，便将此事上报楚王。楚王原本对魏国虎视眈眈，听了此事，深受感动，甚觉不安，于是，主动与魏国和好，并送去很多礼物，对魏国有如此好的官员和国民表示赞赏。魏王见宋就为两国的友好往来立了功，也下令重重地赏赐宋就和他的百姓。这个故事就是“以德报怨”的出处。

其实，大凡是受到别人不公正对待的人，基本上会有两种回应的办法。一是“以其人之道，还治其人之身”，也就是以怨报怨。你欺骗我，我也欺骗你，用这种方法来教训那些办坏事或破坏规则的人，他们吸取了教训或许会改辕易辙。

第二就是“以德报怨”。你对我搞阴谋诡计，我仍旧对你友好，这样做是基于相信人之初性本善。每个人都有善的基因，只要有足够的力量去启动，用善和广大的胸怀去感动他人，坏人也能变为好人。但是如果纯粹的以德报怨，那些坏人可能会得寸进尺，并不把你的德和忍放在心里，反而以为你好欺负。而且你对好人、坏人都施以同样的德，这对好人也不公平。孔子说：以直报怨。这里其实一是指要用正直的方式对待破坏规则的人，二是要直率地告诉对方，你什么地方办错了事。例如，有不良的司机多收费，以怨报怨就是拒绝付款；以德报怨就是再给他一笔小费；以直报怨则仍按规定付款，但要告诉他犯了规，以后改正。这是宽恕，是不计较一时得失，心里平衡了，生命质量自然就高了上去。

清代学者张湖说：“律己宜带秋风，处事宜带春风。”让我们多一些长远的眼光，少一些狭隘的想法；多一些磅礴大气，少一些鸡肠小肚；多一些理解，多一些宽容，这才是现代有为之人所必备的气质和胸怀。

让我们亦儒亦道地生存

我们大家都是生就一半道家主义，一半儒家主义。

——林语堂《谁最会享受人生（四）“中庸哲学”：子思》

人生最痛快的事莫过于两件，若进，则有个良好的仕途经济，若退，则有个贴心的家庭共叙天伦之乐。基本上没有什么人会一股劲地钻研经济学问而放弃一切休闲娱乐活动的。若真有这样的仁兄，我们称之为钱袋，利囊，工作狂。也没有人只懂得一味地享受生活却不愿意赚些养家糊口的钱两的。若真有这种人，那我们自然叫他懒汉、笨蛋、无能儿了。

因此，林语堂先生说人天生都半是儒家，半是道家，才是最好，才是最能接近人类的群体，还能体味自然本心。

山涛家道贫寒，当县令的父亲山曜死得早，自己又不愿意出山做官，吃喝穿戴都很拮据。妻子韩氏是位十分贤惠的人，安贫乐道，毫无怨言。这天，山涛笑着对韩氏说：“家中贫困，实在难为你了，你就忍耐着吧，以后我当位至三公，只是到那时候，不知你愿不愿意做个公侯夫人呢?”韩氏正要答话，忽然抬头见阮籍、嵇康等人姗姗而来，连忙叫山涛在篱笆墙上挖个洞口，以便仔细观察那些朋友究竟是什么样的人。当阮籍他们散去以后，韩氏说道：“论才华，你不如嵇康、阮籍、向秀；论豪爽，你不如王戎、阮咸、刘伶；但若论度量，你比其他六个朋友都强，能屈能伸，喝酒不贪杯。你说日后要当三公，说不定还真能如此啊!”后来，嵇康恃才而性褊狭，遭杀害，阮籍以抑郁不得志而借酒浇愁，刘伶则成天喝得酩酊大醉以了却残生。山涛呢？果然如韩氏所言，位至侍中，迁尚书令，被朝廷誉为“年耆德茂，朝之硕老”的大臣。

山涛之所以能成功，就是因为他有着“进亦不喜，退亦不忧”的良好素质，这就使得他无论是在朝廷之上还是山林之间，都能过得痛痛快快，怡然自得，让别人都羡慕，并且还得夸他能安分、懂事。岂不知，那统统都是儒道结合得刚刚好的妙处!

在先秦时期的儒家思想里，并不是一味地追求进取，恪守礼道的。

《孟子》中说：“可以仕则仕，可以止则止，可久则久，可以速则速，孔子也。”这意思是说：要针对环境的变化，可以做官就做官，可以辞职就辞职，可久留就久留，可以快走就快走，这就是孔子啊!

这世间的聪明人，总要露出一半最好的自己。或者前途不甚明了，我就在家练习书画棋牌，小有名气；或者家庭纷杂，我就专心致志地攻读我的学问，好歹也是种安慰。

中国有句老话，叫做“塞翁失马，焉知非福”？林肯成为总统，据他的律师同事赫恩顿的传记说，可以归功于他的太太。当时林肯怪可怜的：星期六半夜，大家由酒吧要回家时，独林肯一人不大愿意回家。因此就在酒吧里林肯练就了那副出人头地、简练机警、应对如流的口才。苏格拉底也是家里不得安静看书，因此养成一习惯，天天到市场去，站在街上谈空说理，因此乃开“游行派的哲学家”的风气。他们讲学，不在书院，就在街头逢人问难驳诘。这一派哲学家的养成，也应归功于苏婆。

你看，倘若你有一方面暂时不尽如人意，为什么要让自己的天空惶惶若此呢？此路果真不通，就暂且退后，不与时争，不与天争，自是有失必有得，有苦必有乐。只要经营好一个层次，今生就受益无穷。

第八章

曲径通幽：品读林语堂的智慧天空

智慧是一种心情，幽默是一种能力，用幽默去点燃心灯，就像冬日里在屋中供上梅花，香且温暖。如果生活不能给你如意，何不学一学林语堂，用大度的微笑去降伏苦难，用宽阔的智慧去寻找天空呢？

笑，即是美丽的，曲径通幽。山重水复之处，辗转反侧之时，蓦然回首，桃源洞口已是落英缤纷。

改变自我

我并不读哲学而只直接拿人生当课本。

——林语堂《生活的艺术》

人生是一场加减乘除课。如果这方面的头脑欠缺，不够聪明的话，很可能就失望加失败。许多人希望自己在学校里学到全部的知识，最好是学成之后出来马上就腰缠万贯，叱咤风云。可惜皇天不作美，学校“无用”论被一代一代证实，相信了。其实，关学校什么事呢？知识是知识，经验是经验，本来就风马牛不相及。还好，我们人人都有一部大书可以弥补这二者之间的差距和不足，它就叫做人生。

人生需要经历，需要冰雪雕琢后梅花般彻骨的奇香；

人生需要机遇，需要暴雨中能跟随着而脱离险境的海燕；

人生需要改变，需要睡美人等候的那一位王子，一吻惊情五百年；

人生，看你想怎样选择，就会如何地度过。

有这样一个故事：古代一个国王有两个儿子，当他们长大成人时，国王决定把王位交给他们其中的一个，但只有一个儿子能够被选中。于是国王把两个儿子带到野外，让他们一个在东，一个在西，然后指着离他们等距离的一座山峰说：看，那就是王冠山，你们俩在这里等候，看那个山向谁走来，谁就是国王。大儿子虽然很希望得到王位，但他很听父亲的话，在那里等着王冠山向他走来，而小儿子也是如此，这样过了很长一段时间，大儿子在等候，而小儿子却突然向王冠山跑去，等大儿子也想有所行动时，小儿子到了山顶。国王把他们叫到身边，他问大儿子：你为什么在那里傻等？大儿子说：我在等着王冠山向我走来，如果它是我的就一定会向我走来。而小儿子就回答说：如果山不向我走来，那么我就向山走去。国王微笑着点点头，将王位传给了小儿子。

在我们的一生中，总有人说成功就像那王冠山一样离我们每个人一样遥远，但很多人都像大儿子一样在那里等待，认为不是我的就不会属于我，但小儿子说得对，如果山不向我走来，那么我就向山走去。我们不能改变世界，但是我们可以改变自己，而改变自己的开始，就是改变我们的心态。

从数学的概率来说，整个世界与你的数比是几十亿比一，整个地区的人与你的数比是几百万比一，整个单位与你的数比是几千人比一，以你一个渺小的一，要去改变几千、几百万乃至几十亿人的意志是绝对不可能的，但你要改变自己却是一比一，百分之百的把握。

应该说，人生的道路曲折又漫长，人生所要面对的事情又千头万绪，我们应该从哪里打开突破口去寻找成功的路径呢？这是一个方向性的问题。我们面对的客观现实和条件大多数时候是不可改变的，如若我们拼命地去改变它，只能使一盘棋子越走越死，直至走投无路宣告失败。而可以改变的是我们自己的思维方式和行为方式。这样一调整往往会使艰难的现实产生质的变化。

家庭的问题也如此：有的妻子总是喜欢对丈夫进行“改造”，其实，丈夫最忍受不了的是妻子不停地在自己身上找岔子，什么脾气倔、懒惰、口拙……这种无止境的批评、“改造”成了许多小家庭吵闹的导火线。不少丈夫无奈之中只能用沉默寡言来回避，但不久愤怒又在沉默中爆发。正像丈夫嫉恨妻子唠叨一样，妻子最嫉恨丈夫的沉默。于是这种家庭总笼罩着一种沉闷紧张的气氛，很少有轻松、甜蜜的笑声。

心理学告诉我们，人的性格与气质的改造不是那么容易的，即使改造，也主要依靠自身意志的主动性与别人的鼓励，而喋喋不休的指责只会伤害对方的自尊心，并产生厌恶与反感。明智的妻子从不用诈诈唬唬和无穷的唠叨来“改造”丈夫，而是以女性特有的温情鼓励感化丈夫积极进取。即使用温情也“改造”不了丈夫，也没必要经常大动肝火。如果两种夫妻生活的模式放在你面前：一种是整天在无效的咒骂“改造”声中过日子；另一种是明知谁也改造不了谁，则在共同点上求得生活的快乐。你选择哪一种呢？

有人曾说，要藏起一块石头，最好是把它放到石头堆里，要藏起一个人，最好是把他放到人群中。一块众石之中的小石头，一个人群之中的人要改变自己，并不需要惊天动地的宣言，也不需要大张旗鼓的宣传，而只是这个世界最平常的瞬间，但整个世界不都是在这平常的瞬间中被悄悄地改变的吗？

20 世纪七八十年代，许多人为了改变自己的命运，没有选择随波逐流，而是主动改变自己，他们先一步下了海，为自己的人生寻找一种自立的支持。他们中的许多人，就是靠把成桶成桶的雪花膏装在小塑料袋子里，5 分钱、5 分钱去卖而发家的。他们曾被人们称做是个体户而饱受歧视，但最终这些先改变自己的人不但实现了自我的价值，而且最终也改变了社会。在当今社会，他们已经成为能够帮助他人的一股积极的力量。在最近的几年里，社会竞争越来越激烈，改革的节奏越来越快，但仍有一些人不能及时改变自己，而寄希望于社会的改变，或是被动地去适应社会的变化，最终被社会所淘汰。这个事实说明，在社会飞速发展的时代，你先改先主动，后改后主动，人生总是一步错步步错，一步赢步步赢，变是永恒的主题，只有变才能生存，只有变才能发展，只有变才能更好地去适应自己，调整自己，改变自己，只有变才能如魔方般旋转出多姿多彩的人生。

你可以想象地球无时无刻不在运动着吗？或者，自己也正在一天天成熟，老去。既然如此，为什么不热切地爱属于自己的那一份生活呢？

会心的微笑最聪明

绝妙的一种微笑是两个朋友相对“会心的微笑”，即一般所谓“相视莫逆”、“心照不宣”的浅笑。当爱默生和卡莱尔初次见面时，他们未发一语，而只是像“心心相印”般地发出微笑。这便是中国人所最欣赏的“会心的微笑”。

——林语堂《论东西文化的幽默》

有些时候，语言并不是一件非常好的交流工具，如你八月十五在水边赏月，此时若有三杯两杯淡酒，一个两个知交好友，几碟精致小菜，不需多言，只愿风送香来，幽乐生于桂花树下，彼此会心一笑，就粲然了。

会心，是一种智慧，或可称为一种狡黠。当然，如果有着这种能力和智力，就拥有了专门属于你和他的秘密，可以不为更多的人知晓，然后私底下行事会得到令人满意的结果。

其实，无论是在生活中，还是在工作中，太通透是不好的。尤其是在工作中，八面玲珑者总是锋芒太盛，几乎没有一个得善果。因此，情到浓时，意到切时，戛然而止，则可省去多少是非。

林语堂先生可称得上是中国幽默界第一人。在他的《自传》中，他说，我发明了“幽默”这个词儿，因此之故，别人都对我以“幽默大师”相称。而这个称呼也就一直沿用下来。但并不足因为我是第一流的幽默家，而是，在我们这个假道学充斥而幽默则极为缺乏的国度里，我是第一个招呼大家注意幽默的重要的人罢了。现在“幽默”一词已经流行，而“幽他一默”这句新的说法，就是向某人说句讽刺话或是向他开句玩笑的意思。

有一次，我参加在台北一个学校的毕业典礼，在我说话之前，有好多长长的讲演。轮到我说话时，已经十一点半了。我站起来说：“绅士的讲演，应当是像女人的裙子，越短越好。”大家听了一发愣，随后哄堂大笑。报纸上登了出来，成了我说的第一流的笑话，其实是一时兴之所至脱口而出的。

另外我说的笑话已经传遍了世界的，是：“世界大同的理想生活，就是住在英国的乡村，屋子安装有美国的水电煤气等管子，有个中国厨子，有个日本太太，再有个法国的情妇。”

这话我是在巴西一个集会上说的。

在《读者文摘》上我看到的一个笑话是：“女人服装式样的变化，是不外乎她们的两个愿望之间：一个是口头说明的愿望——要穿衣裳；一个是口头上不肯说明的愿望——要在男人面前或自己面前脱衣裳。”

这种幽默是对生活的评述，也是尽显自己智慧的方法，更重要的是，它神神秘秘的“会心”，岂不比锋芒毕露的直接冲击更大快人心吗？

在人生的征程中，每个人或许都有自己的进击原则，有些人可能喜欢低调稳进，有些人可能喜欢锋芒毕露。凡事都有两重性，即好的一面和不好的一面。对此我们也只能视具体情况具体分析。但鉴于人们一谈到对目标的出击，就会自然而然地想到“锋芒毕露”二字，而它却并不是能在任何时候任何地方都能压倒性地战胜一切的，而是在很多时候都有药不对症的盲目性甚至危险性的。

其实，很多时候，我们面对的不一定是大是大非的原则问题，没必要针锋相对。退一步别人过去了，自己也可以顺利通过。宽松和谐的人际关系，可以给我们带来很多方便，又避免了许多麻烦。假如你胸怀鸿鹄之志，可以一心一意去积蓄力量；假如你只想做普通人，可以活得从从容容，逍遥自在。可进可退，两头是路，对于于己无碍的东西，会心一笑，乔装迷糊，既不伤人，又不伤己，何乐而不为？

这样做过于世故，过于圆滑了吧？其实不然，这里所说的收敛实际上是保护个性健康发展，成功实现自我价值的一条捷径。

有多少人由于年轻气盛，爱出风头而处处碰壁，为了适应社会，不得不磨平棱角，令锐气殆尽，最终还是一事无成。有句话不是说“好刀出在刃上”吗？一个人的锋芒也应该在关键时候、必要的时候展露给众人，那时人们自然会承认你确实是一把锋利的宝刀。而不是时不时地拿出来挥舞一番，直杀得别人片甲不留方才甘心。刀刃需要长期的磨砺，只图一时之快，不懂保养，只会令其钝化。

大文豪萧伯纳赢得很多人的尊敬和仰慕。据说他从小就很聪明，且言语幽默，但是年轻时的他特别喜欢崭露锋芒，说话也尖酸刻薄，谁要是被他说一句话，便会有体无完肤之感。后来，一位老朋友私下对他说：“你现在常常出语幽人之默，非常风趣可喜，但是大家都觉得，如果你不在场，他们会更快乐，因为他们比不上你，有你在，大家便不敢开口了。你的才干确实比他们略胜一筹，但这么一来，朋友将逐渐离开你，这对你又有什么益处呢？”老朋友的这番话使萧伯纳如梦初醒，他感到如果不收敛锋芒，彻底改过，社会将不再接纳他，又何止是失去朋友呢？所以他立下宗旨，从此以后，再也不讲尖酸的话了，要把天才发挥在文学上，这一转变造就了他后来在文坛上的地位。

这个例子告诉我们，平时锋芒毕露会使我们众叛亲离，走进死胡同，而适当地收敛锋芒，将才华用到有用的大事上，积蓄力量，必然会做出一番事业来。

一个人要是比别人聪明，不一定必须张扬着让他人知道，时间会证明一切的，“是金子总是要发光的”，收敛锋芒，韬光养晦，使自己在与人共事时留下较大的回旋余地，是一种必要的自我保护，也是让一种更为灵活同时也效率更高的人生成功途径。

明白“会心”这两个字的人，总有一天，他会因为这点好处而给自己带来不需投资的丰厚回报。并且，这种做法在普天之下，大都可以给你亮绿灯。

造就一种新鲜

关于天使的形态，一般的观念仍以为是和人类一样的，只不过多生一对翅膀：这是很有趣的事。

——林语堂《灵与肉》

其实这个世上有许多事情都是自己吓唬自己。一个传统相声里的某个凶宅，传说有鬼住在里边，已经吓死了好几个守夜人了。偏这天又去了一个，夜半三更，雷雨交加，其中一间屋子里露出灯光。这真是个胆大的人，于是就想前去探个究竟。推开门，只见当中桌上放着酒菜，他不管三七二十一吃了起来，酒足饭饱后鬼现了原身，说他胆气足，阳气盛，一来二去竟交上了朋友。这守夜人就问，你说你是个好鬼，为什么还要吓死那么多人呢？鬼说，那哪是我干的呀，是他们自己心中有鬼，所以自己把自己吓死了，怎么都记到我的头上？守夜人释然。

想象之于人类，真犹如给思维加上了翅膀，可以遨游四海，迹遍奇圆了。可是，纵使每个人都拥有这种能力，却少有靠其出人头地的，因为他们调节不好那个度量，思虑过盛，容易得精神病，反之，则囿于常理不得而出，思维僵化，也是很可怕的一件事情。只是能把天使的形态想象成一个胖乎乎的小孩子，背上多出两个肉翅，就很令大家愉快了。

事实上，林语堂先生是在告诫我们涉足那些陌生的领域并不可怕，而且越接近梦想就越拥有那种心跳的感觉，你能切实体验到人世间的种种乐趣。想想那些被称为“天才”的人们，那些在生活里颇有作为的成功者，他们从不试图回避心跳的感觉。你应该用新的观念重新审视自己，打开心灵的窗户，进行那些自己一向认为力所不能及的活动，否则，只会以同样而固定的方式重复进行同样的活动，直到生命终结。而伟人之所以伟大，往往体现在探索的品质以及探索未知的勇气上。

要积极尝试新事物，就必须摒弃一些会对自己个性构成压抑的观点：例如改变现状不如苟且偷安，因为改变将带来许多不稳定的未知因素；认为自己非常脆弱，经不起摔打，如果涉足于完全陌生的领域，会碰得头破血流等，这显然是些荒谬的观点。如果改变生活中单调的常规因素，你会感觉到精神愉悦和充实；相反，厌倦生活则会削弱意志并产生消极的心理影响。一旦失去了对生活的兴趣，就可能导致精神崩溃。然而，如果在生活中努力探索未知，坚持坚定必胜的信念，则你的心理一定会更加健康而强大。

此外，人们还常常抱有这样一种心理：“这件事非比寻常，我不如躲远些好。”这种心理状态使人不能面对挑战，积极尝试新的经历，所以也必须坚决摒除。

“做任何事情一定要有某种理由，否则做它又有什么意义呢?”这也是许多人不能尝试创新的一种习惯心理。其实只要你愿意，便可以去做任何事情，而不必一定要有理由。没有必要为自己所做的每一件事寻找理由，只要你能心跳，你人生能够快乐，什么不可以去做呢? 当你还是个孩子时，逗蚂蚱玩上一小时，其理由只不过是你喜欢逗蚂蚱玩。可当你成为大人时，你却不得不为做每一件事情找一个充分的理由。这种对理由的“热衷”阻碍了自己的成长发展。

因此，在一定程度上，你可以想做什么就做什么。其原因只不过是你愿意这样做，这种思维方式将为你拓展生活的新天地，并勇敢地进入创新的领域。

法国美容品制造师伊夫·洛列是靠经营花卉发家的，他在一次新闻发布会上感触颇深地说道："能有今天，我当然不会忘记卡耐基先生，他的课程教给了我一个司空见惯的秘诀，而这个秘诀我尽管经常与它擦肩而过，但却从未能予以足够的重视，也没有把它当做一回事来对待。而现在我却要说，创新的确是一种美丽的奇迹。"

伊夫·洛列 1960 年开始生产美容品，到 1985 年，他已拥有 960 家分号，各个企业在全世界星罗棋布。

伊夫·洛列生意兴旺，财源茂盛，摘取了美容品和护肤品的桂冠。他的企业是唯一使法国最大的化妆品公司"劳雷阿尔"惶惶不可终日的竞争对手。这一切成就，伊夫·洛列是悄无声息地取得的，在发展阶段几乎未曾引起竞争者的警觉。

他的成功完全依赖于丰富的想象力和由此基础上生长出来的创新精神。

1958 年，伊夫·洛列从一位年迈女医师那里得到了一种专治痔疮的特效药膏秘方。这个秘方令他产生了浓厚的兴趣，于是，他根据这个药方，研制出一种植物香脂，并开始挨门挨户地去推销这种产品。

有一天，洛列灵机一动，何不在巴黎最著名的杂志上刊登一则商品广告呢？如果在广告上附上邮购优惠单，说不定会有效地促销产品。这一大胆尝试让洛列获得了意想不到的成功，当他的朋友为他的巨额广告投资惴惴不安时，他的产品却开始在巴黎畅销起来，原以为会泥牛入海的广告费用与其获得的利润相比，显得轻如鸿毛。

当时，人们认为用植物和花卉制造的美容品毫无前途，几乎没有人愿意在这方面投入资金，而洛列却反其道而行之，对此产生了一种奇特的迷恋之情。

1960年，洛列开始小批量地生产美容霜，他独创的邮购销售方式又让他获得巨大成功。在极短的时间内，洛列通过各种销售方式，顺利地推销了70多万瓶美容品。

如果说用植物制造美容品是洛列的一种尝试，那么，采取邮购的销售方式，则是他的一种创举。时至今日，邮购商品已不足为奇了，但在当时，这却是闻所未闻。

1969年，洛列创办了他的第一家工厂，并在巴黎的奥斯曼大街开设了他的第一家商店，开始大量生产和销售美容品。

伊夫·洛列对他的职员说："我们的每一位女顾客都是王后，她们应该获得像王后那样的服务。"

为了达到这个宗旨，他打破销售学的一切常规，采用了邮售化妆品的方式。公司收到邮购单后，几天之内把商品邮给买主，同时赠送一件礼品和一封建议信，并附带着制造商和蔼可亲的笑容，这竟使得邮购几乎占了洛列全部营业额的50%。洛列式邮购手续简单，顾客只需要寄上地址便可加入"洛列美容俱乐部"，并很快收到样品、价格表和使用说明书。

这种经营方式对那些工作繁忙或离商业区较远的妇女来说无疑是非常理想的。如今，通过邮购方式从"洛列美容俱乐部"获取口红、描眉膏、唇膏、洗澡香波和美容护肤霜的妇女已达6亿人（次）。伊夫·洛列通过邮购建立了与顾客的固定联系。他的公司每年收到近8000余万封函件，有些简直同私人信件没有两样，附着照片和亲笔签名，畅叙友情，表达信任，写得亲切感人。当然，公司的建议信往往写得十分中肯，绝无生硬地招徕顾客之嫌。这些信中总是重复地告诉订购者：美容霜并非万能，有节奏地生活是最佳的化妆品。而不像其他商品广告那样，把自己的产品说得天花乱坠，功效无与伦比。

洛列曾说过一句著名的话："如果你想迅速致富，那么你最好去找一条创新捷径，不要在摩肩接踵的人流中随波逐流。"

提到创新，有些人总是觉得神秘，似乎它只有极少数人才能办到。其实，创新有大有小，内容和形式可以各不相同。创新活动已经不仅是科学家、发明家的事，它已经深入到普通人的生活中，很多人都可以进行创新性的活动。生活、工作的各个方面都可以迸发出创造的火花。人们在事业上新的追求、新的理想、新的目标会不断产生，在为新的事业创造奋斗中，实现了这些新的追求、理想和目标，就会产生新的幸福。创新是永无止境的，人的幸福的实现就是一个不断发展、不断创新的过程。人的可贵之处在于创新性的思维。一个想有所作为的人只有通过有所创造，才能为人类作出自己的贡献，才能体会到人生的真正价值和真正幸福。创新思维在实践中的成功，更可以使人享受到人生的最大幸福，并激励人们以更大的热情去从事创造性实践。

创新是源于生活又高于生活的，它从平凡中脱胎换骨，带着憧憬与快乐去仰望新生活。这个世界永远需要新奇的味道，但是不能狂热地沸腾一切，熔化一切。让创新永远停留在为大众谋利的位置上，才是最慈善、最圆满的。

幽默的奖赏

智慧或最高型的思想，它的形成就是在现实的支持下，用适当的幽默感把我们的梦想或理想主义调和配合起来。

——林语堂《醒觉》

你看看古今名人大家的画像，基本上都是一幅正襟危坐的严肃模样，好像唯有此才显出其尊贵似的。所以在西方的画作里，圣母像是令人感到恬静和仁慈的，在东方的卷轴中，仕女画是令人愉悦和向往的，大抵就是因为她们都拥有着暖融融的笑。而达·芬奇的《蒙娜丽莎》之所以能让全球为之倾倒，称那个胖乎乎的少妇的笑为天下第一美，恐怕也得益于东方女子观的“美颜色”与西方女子观的“慈母性”结合得相得益彰吧。

笑，是最重要的情感；幽默，是笑自心生的肥沃大地。

林语堂先生曾赞，幽默是人生智慧的大境界，它调和着我们的梦想和理想，并恰如其分地表达出来，让人佩服得五体投地。他在家中总是如同个天真烂漫的孩童一般，他与女儿一起称廖翠凤为“妈”，如果从书房出来，林语堂向女儿问的第一句话就是：“妈呢?”对小女儿相如，林语堂常和她脸贴着脸，并以询问的口气向家人说：“你们看，我们多像是双生的！”有一次，次女林太乙问爸爸：“人人都说我额头太高，丑得很呢！”而林语堂却笑着说：“憨囡子，你不知道宋代有个才子叫苏东坡，他的妹妹苏小妹就是高额头，人还未进屋子，额头已先进来了。殊不知她又漂亮又聪明。”还有一次，林语堂让女儿骑上三轮板车，他在车子后面猛推，当速度很快时，他就放手。女儿吓得哭起来，林语堂却告诉女儿：“小孩子即使摔倒也没关系，不摔怎能长大？”这句话在幽默中寓含深刻的道理。

可见，幽默有教育人的良好功用。

孔子说：“仁远乎哉？我欲仁，斯仁至矣。”

说得非常明白，快乐之心一点都不远，它原本就在我们手上。人最大的利器就是自身，使用得好，可以随心所欲，不为外物所控制，可以创造无限奇迹。

有人说：“我现在没法高兴。”言外之意他在等一个足以让他高兴的人出现，等待一件足以让他高兴的事出现。这就傻了。让人高兴的人与事当然有，但偶然性太大了，等待太漫长了，并且容易变。何必等别人？我们自己就可以指挥自己高兴起来，只要你懂得幽默就行。

快乐是一种本能，同时，快乐也是一种技巧。

有的人在该笑时能笑，在没办法笑的时候也能笑出来，甚至在走投无路时也能开怀大笑，这种人无疑是坚强的、快乐的、不可战胜的。

孔子就是这种在走投无路时也能开怀大笑的人。所以林语堂先生认他为古今第一智者，推崇备至。周游列国时，有一回孔子被人追杀，与弟子们冲散了。历尽艰险他们又走在一起，孔子的弟子对他说，听街上有人谈论，说老师既有王者风范，又落魄得像只丧家犬。孔子听后，自我幽了一默，说像不像王我不知道，但一定像只落荒而逃的走狗了。你看，这是何等胸怀。

有的人芝麻大一点事就嚷得满世界都知道，受不得任何挫折与委屈，给个棒槌就认个针，一天到晚都晦气森森。这种人太没意思了，太没情趣了，太笨了，居然不知道自己也可以让自己快乐起来。

可见，幽默还可以成为促人品格成长的良方。

还有一件很有趣的故事，来自几千年前的庄子。

庄子曰："白鱼出游从容，是鱼之乐也。"惠子曰："子非鱼，安知鱼之乐？"庄子曰："子非我，安知我不知鱼之乐？"惠子曰："我非子，固不知子矣；子固非鱼，子之不知鱼之乐，全矣。"庄子曰："请循其本。子曰'汝安知鱼乐'云者，既已知吾知之而问我。我知之濠上也。"

对话的大意是说，庄子和好朋友惠子在濠水的桥上欣赏江水风光，看到河中鱼儿在自由游戏，庄子感叹起来："白鱼们游得多么自由舒服，这就是鱼儿的快乐呀。"惠子故意要与庄子斗嘴，反驳道："你又不是鱼，怎么知道它们快乐呢？"庄子反问："你不是我，又凭什么知道我不知道鱼儿的快乐呢？"惠子说："我不是你，所以不知道你；你不是鱼，所以你也就不知道鱼，这还用说吗？"庄子很聪明，不上惠子的当，说："还是顺着开头的问题来讨论吧。你问我'怎么知道鱼的快乐'，就表明你已知道我知道了鱼的快乐，因此才问我'怎么知道的'。而我就是在桥上知道的。"

庄子的狡黠，正如他的"不知是我做梦变成了蝴蝶，还是蝴蝶做梦变成了我"，一样的幽默，一样闪烁着哲理的光彩，让人读起来，亦好笑得很，这就是最牵动人心的极致智慧。

可见，幽默还是烘托出人风骨地位的绝佳陈设。

因此，人生不必过分地认真和执著，在痛苦的时候，幽自己一默，幽别人一默，就是豁达大度，是种容量，是种气度，是种风骨。可惜大多数人在追求自己梦想的时候丢失了它。

我们总是把拥有物质的多少、外表形象的好坏看得过于重要，用金钱、精力和时间换取一种有目共睹的优越生活，却没有察觉自己的内心的痛苦和智慧的渺茫。事实上，只有真实的自我才能让人真正地容光焕发，当你只为内在的自己而活，并不在乎外在的虚荣时，幸福感才会润泽你干枯的心灵，就如同雨露滋润干涸的土地。

我们需求的越少，得到的自由就越多。正如梭罗所说："大多数豪华的生活以及许多所谓舒适的生活，不仅不是必不可少的，反而是人类进步的障碍，对比豪华和舒适，有识之士更愿过单纯和粗陋的生活。"简朴、单纯的生活有利于清除物质与生命之间的樊篱，为了认清它，我们必须从清除嘈杂声和琐事开始，认清我们生活中出现的一切：哪些是我们必须拥有的，哪些是过于奢侈的，哪些是必须丢弃的。

人生的容量是有限度的，通常是多一份舒畅，少一份焦虑；多一份真实，少一份虚假；多一份快乐，少一份悲苦；多一份幽默，少一份痛楚。你想要什么样的生活呢？想让自己的脸和神经整日绷得像随时随地都有可能断掉的琴弦，还是做个懂得生活，热爱生活的人呢？

生活简简单单，需求简简单单，人的生命就会平静而流畅。

简单，就是智慧的发祥地，就是笑对人生的最高境界吧。

幽默着并伟大着

我认为幽默的发展是和心灵的发展并进的，因此幽默是人类心灵舒展的花朵，它是心灵的放纵或者是放纵的心灵。唯有放纵的心灵，才能客观地静观万事万物而不为环境所囿。

——林语堂《论东西文化的幽默》

快意的生活总是需要调味品，就如下午 4 点钟坐在办公桌旁郁闷得直想吃一块甜点一样。于是，林语堂这个鲜明地教导我们过“幽默而自然”的生活的人便出现了，而且颇有些应运而生的味道。

他让我们去幽默，就是让我们去创造这样一个压力小，有害物质少，但甜度高的果汁生活。

林语堂力捧幽默的力量和智慧是有道理的。在林语堂看来，幽默为人生所不可或缺：“无论哪一国文化、生活、文学、思想，是用得着近情的幽默的滋润的。没有幽默滋润的国民，其文化必日趋虚伪，生活必日趋迂腐，文学必日趋干枯，而人的心灵必日趋顽固。其结果，必有天下相率而为伪的生活与文章，也必多表面激昂慷慨，内中老朽霉腐，五分热情，半世麻木，喜怒无常，多愁善感，神经过敏，歇斯底里，夸大狂，忧郁狂等人心变态。”他说，幽默联结着“一个浸染着丰富的合理精神，丰富的健全常识，简朴的思想，宽和的性情，及有教养眼光的人种的兴起”。

林语堂特别指明：“幽默普遍盛行时，那种以生活思维的简朴为特征的健全的合理精神才会实现，而生活和思维的简朴是文明与文化的最崇高的理想。”总之幽默改变着我们思想的特质，“这作用直透文化的根底，并且替未来的人类，对于合理时代的来临，开辟了一条道路”。所以林语堂在所拟的“准科学公式”，将充分的幽默感作为一个优秀民族或个人性格构成的必要因素。他发现幽默可消除人们一切愚妄的念头。他半开玩笑地说，派遣四五个最优秀的幽默家去参加一个国际会议，给予他们全权代表的权力，那么世界便有救了。又说在各国的外交官被派去开会时，“只消在每次上午或下午的开会议程中，拨出十分钟的时光来放映米老鼠的影片，令全体外交家必须参加，那么任何战争仍旧是可以避免的”。

幽默，既然与现实有所联系，那么其重点便当先是“看穿”二字。看穿首先是看穿生命的渺小、终极虚无和绝对徒劳，又是洞察人自以为是、自命不凡、以假为真等的可笑，洞察人们一切因大道智慧缺失而产生的妄想和妄为。故而，“历史上任何时期，当人类智力能领悟自身之空虚、渺小、愚拙、矛盾时，就有一个大幽默家出世，像中国之庄子……”林语堂强调，幽默没有旁的内容，“只是这种洞悉一切的智慧之刀的一晃”。“大概世间看得跳脱的人，观察万物总觉得人是太滑稽，不觉失声而笑。”“幽默到底是一种人生观，一种对人生的批评。”

林语堂的《论幽默》翻译了英国小说家麦列蒂斯论“俳调”的著名论述。应该说，那种“和缓温柔的”、“出于心灵的”妙语正是幽默所应有和本有的。麦氏指出：“无论何时人类失了体态，夸张、矫揉、自大、放诞、虚伪、炫饰、纤弱过甚；无论何时何地他看见人类懵懂自欺，淫侈奢欲，崇拜偶像，做出荒谬事情，眼光如豆的经营，如痴如狂地计较；无论何时人类言行不符，或桀骜不驯、屈人扬己，或执迷不悟、强词夺理，或夜郎自大、惺惺作态；无论是个人或是团体，这在上之神就现出温柔的谑意，斜觑他们，跟着是一阵明珠落玉盘的笑声。”

然而，幽默不总是外向而活泼，它更表现为主体对自身荒诞性的认识和嘲谑。幽默家对自己的缺点、挫折也持洒脱的态度，乐于追述自己之失败与困难；幽默家这种宁静致远的旁观者不但时时站在众生之上，也常常站在自身之上。孔子就曾承认自己像一条丧家狗，晚明性灵作家也最善此道。张岱《自题小像》：“功名耶落空，富贵耶如梦，忠臣耶怕痛，锄头耶怕重，著书二十年耶仅堪覆瓿。之人耶有没有用?”徐文长也有《自书小像》，以“龙耶猪耶”自我调侃。他创作了《自为墓志铭》：“故其死也，亲莫制，友莫解焉。尤不善治生，死之日，至无以葬，独余书数千卷，浮磬二，研剑图画数，其所著诗文若干篇而已。”钟嗣成说自己：“有朝一日黄榜招收丑的，准拟夺魁。”自嘲其实是建立在自信基础上的调侃，而不是自侮、自贱和自弃，到那地步就不幽默了。

幽默常常表现为超然的人生态度。周作人讲世间有一种大闲适。他引沈赤然《寄傲轩读书续笔·卷四》一段文字：“宋明帝遣药酒赐王景文死，景文将饮酒，谓客曰，此酒不宜相劝。齐明帝遣赍鸩逼巴陵王子伦死，子伦将饮，顾使者曰，此酒非劝客之具，不可相奉。其言何婉而趣也。大约从容镇静之态平时尚可伪为，至临死关头不觉本性全露，如二人者可谓视死如归寝矣。”又引陶渊明的《拟挽歌辞》之三，赞扬陶视死“闲适极了”。然后他说：“夫好生恶死人之常情也，他们亦何必那样视死如归寝，实在是‘千年不复朝，贤达无奈何’耳，唯其无奈何也就不必多自扰，只以婉而趣的态度对付之，此所谓闲适亦即是大幽默也。”

幽默因为太了解世界的荒诞以及人生、人性的必然不完美了，所以它是宽容的。故而林语堂认为，幽默不无批评、讽刺，可是又淡然平和，豁达大度，火气不盛，显出深厚的同情和悲天悯人的心肠，常“笑中带泪，泪中带笑”。谑而不虐，击而不伤。智慧和丰富的思想使幽默不似滑稽的炫奇斗胜，亦不似郁剔之只是出于机警巧辩，不同于昔人游戏文字的装丑角、说疯话，轻佻浅薄；而宽大包容又使它不似纯粹讽刺的酸辣尖刻，代之以温厚亲切。林语堂指出，愤世嫉俗就失却了幽默的风度，屈原贾谊很少幽默，原因在此。

幽默以智慧为根本，但它的发光还有赖于性灵解脱。“故提倡幽默，必先提倡解脱性灵”。因为“幽默是人类心灵舒展的花朵，它是心灵的放纵或放纵的心灵”。幽默是人性中本有的，无法扼杀，只是常被抑制而已。

一个人有智慧有常识，道理通达，性灵解脱，写文章、说话、做事，自然得幽默之趣；也自然妙语连珠，或行为出奇，无论是直奔主题，还是故作曲折，都使人生乐，使人感动，使人开悟，技巧即在其中矣“盖欲由性灵之解脱，由道理之参透，而求得幽默也”。

总而言之，林语堂心目中的幽默其灵魂是智慧洞察，同时表现为宽容、慈悲和性灵解脱。它在轻逸的格调之下蕴涵着某种深刻性和严肃性，它带给人的绝不是廉价的笑声和低级趣味。虽也不是灵魂的刺激和情感的摇撼，却是心灵的沉思和启迪，以及由此引发的含有思想的会心的笑。正如嚼吃橄榄，让人静中寻味，觉得有点苦涩，又觉得回味甚长。林语堂说，它影响于人群，就像自天而降的温润细雨，“将我们孕育在一种人与人之间友谊的愉快和安逸的气氛中”，使我们彼此“心照不宣”，“相视莫逆”。它反映出一种高质量的人格和高层次的修养。幽默的发展，原是与心灵的发展并进的。林语堂对幽默的追求，也是对一种理想人格的追求。他爱温而厉、恭而安、无适、无必、无可无不可的孔子。孔子大多数情况下是幽默的，“孔子的幽默与儒家的不幽默，乃是明显的事”。

这便充分证实了幽默是智慧之源，是行事有效的最佳处方。因而要令你为聪明又才华横溢之人，幽默这个绝佳的装饰，一定是必不可少的。

自嘲的趣处

人生有时颇感寂寞，或遇到危难之境，人之心灵，却能发出妙用，一笑置之，于是又轻松下来。这是好的，也可看出他人之度量。

——林语堂《论解嘲》

人生不如意事常八九，要想日子逍遥自在，假使你没有吕洞宾挥剑斩黄龙的本事，就不要处处做强梁。因为那除了会碰得头破，于己根本没有好处。倒不如暂且忍耐下来，自我嘲讽一番，既不伤他人面子，又会显得自己是个乐观大度的人了。

谈起自嘲的妙处，林语堂是这样说的："古代名人，常有这样的度量，所以成其伟大。希腊大哲人苏格拉底娶了姗蒂柏。她是个有名的悍妇，常做河东狮吼。传说，苏氏未娶之前，已经闻悍妇之名，然而苏氏还是娶她。他有解嘲方法，说娶老婆能如御马，御驯马没有什么可学，娶个悍妇，于修身养性的功效大有补助。有一天家里吵闹不休，苏氏忍无可忍，只好出门。正好门口，老太太由屋顶倒一盆水下来，正正淋在他的头上。

苏氏说：‘我早晓得，雷霆之后必有甘霖。’这位哲学家雍容自若的态度实在令人佩服。”

林肯的老太婆，也是有名的，很泼辣，喜欢破口骂人。有一天一个送报的小孩子，十二三岁，不知道是送报太迟，或有什么过失，遭到林肯太太百般恶骂，詈不绝口。小孩去向报馆老板哭诉，说她不该骂人过甚，以后他不肯到那家送报了。这是一个小城，于是老板向林肯提起这事。

林肯说：“算了吧！我能忍她十多年。这小孩子偶然挨骂一两顿，算什么？”这是林肯的解嘲。

看来善于自嘲的人，往往就是一个富有智慧和情趣的人，也是一个勇敢和坦诚的人，更是一个内智外愚的人。

美国前总统罗斯福家有一次被盗，家里值钱的东西都被洗劫一空。罗斯福的朋友知道后，都安慰他，不要太在意。谁知罗斯福给他的朋友解释说：“亲爱的朋友，谢谢你的安慰，我现在很平安。感谢上帝，因为：第一，贼偷走的是我的东西，而没有伤害我的生命；第二，贼只偷去了我的部分东西，而不是全部；第三，最值得庆幸的是做贼的是他而不是我。”

好一个做贼的是他而不是我！按常理讲罗斯福应该谴责盗贼的不道德，可是这样也是于事无补，但罗斯福庆幸，是别人做了一个不光彩角色。

这就是自嘲的力量，它可以使原本很沉重的东西刹那间变得很轻松无比，会让别人砸过来的重拳落在棉花上面，无计可施又无可奈何。最宝贵的是，两者都可以不受伤，可以原本无碍地装作并不相识地走开，谁都可以认为自己是赢家。

给生活来匙蜜糖

一般人不能领略这个尘世生活的乐趣，那是因为他们不深爱人生，把生活弄得平凡、刻板，而无聊。

——林语堂《生活的艺术》

但凡日子过得饶有情趣的人，必然有一两件别致的心境，并且能从中得到满足和慰藉。好像只要有伊相伴，就任它春夏与秋冬，可以废寝忘食，一概不管了。甚至于像那个由茶悟人生的陆羽，那个寄情山水以至玩“疯”了写了篇惊世骇俗的“游记”的徐霞客，他们的生活该是多有滋味呀，多令人羡慕呀！可你知不知道，其实每个人都会得到上天的恩赐，给予他们一项特别的喜好，只不过还未找到它究竟藏身于哪个角落里，是在圣诞树上挂着的某个盒子里，是埋在花园中某个草丛中，还是就栖身于大街上等着你去撞？谁知道呢！

总是埋怨世界痛苦和狡诈的人，一定是不能给生活增添笑容的人。他们也许对事业和家庭都兢兢业业，然而却没有得到一丝快乐的回报，他们都把生活弄得太刻板了些。

林语堂先生之所以能够以智者的姿态安然地处事、做事，除了他本身讲究的劳逸结合，决不违背自己本心的过度做事外，更关键和更超越普通人层次的是，他能够从乐趣中发现灵感，重获工作的动力。这就和陆羽他们一个水平了，即事业从乐趣中来，为乐趣而去，一切服务于它。

林语堂嗜烟，离了烟他就得到“B君途中来信，说我近来不同了，没有了以前的兴奋、爽快，谈吐也大不如前了”的痛陈；林语堂顶爱喝茶，也懂得许多关于茶的文化，他说一个人只有在神清气爽、心气平静、知己满前的境地中，方真能领略到茶的滋味。因为茶须静品，而酒则须热闹。茶之为物，其性能引导我们进入一个默想人生的世界。这就是因茶而明了滋味，从而产生对自己不苟求，不严刻的淡然态度了；林语堂大概最爱的是钓鱼，关于钓鱼的文章也是多且极其出名，“我与内人乘舟而往，渔竿插在舷上，鱼上钩时，自可见竿摇动。这样一路流光照碧，寒声隐地寻芳洲，船行过时惊起宿雁飞落芦深处。夕阳返照，乱红无数，仰天长啸，响彻云霄，不复知是天上，是人间”。他竟然从钓鱼中得到了荣登天堂，忘却一切俗世忧愁的奖赏，还有什么是不能让他快乐的呢？

老子说：“功成事遂，百姓皆谓我自然。”矫揉造作始终是不会有大出息的，顺其自然地去发展自己，常常能得到成功。

古希腊大哲学家皮浪有一次与朋友们出海漫游，忽然遭遇海啸，同船的朋友们全都惊慌失措，皮浪却镇定自如。他指着船舱中一头正在安详地吃食的小猪说：“大家看吧！真正的智者在吃东西呢！”大家一笑，都安静下来。小猪还没吃完东西海啸就停止了。

皮浪向镇定的小猪学习，最终带领朋友们用“小猪之道”战胜了可怕的海啸，这就是他向自然界学习的好处。

同样是在海上遭遇危险，中国古代的谢安表现出了更大的智慧。

谢安是东晋时的大隐士，后来指挥东晋军队打败了前秦的百万大军，赢得了中国历史上最辉煌的战役“淝水之战”的胜利。还在隐居时，有回谢安与朋友们也是出海漫游，忽遇狂风过海，一阵阵大浪袭来。朋友们暗中叫苦，谢安一人镇定自如，四下望了一望，马上对船夫说：“跟上那只海鸥！”

谢安威信很高，船夫不及多想，马上挥橹飞快地跟上海鸥。海鸥在波浪中穿行，小船也在波浪中穿行，不多久小船竟然在海鸥的带领下冲出了风浪区。

朋友们又高兴又敬畏，问是不是有海神指引？

谢安大笑道：“哪有什么海神！海鸥天天在海上生活，肯定有避开风浪的办法。只要我们能跟上它，就没什么危险。”

谢安向海鸥学习，带领朋友们用“海鸥之道”战胜了风浪，这就是向自然界虚心学习的好处。

所谓成功，就是达到某一制高点与和谐点，这是事理运动的坐标。事理运动不过是人道执行天道的一个过程，它本身折射天道规律。天道规律就是自然规律。得自然规律者得事理，得事理者就可以办成事，就能成功。

而将“自然”看作自己的本心，看作是自己一心一意的追求与热爱，也会从中得到生，得到智，得到一切意料不到的东西。因为合乎本心，从某种意义上来说，也就合乎了天道。

人就是自然。

幽默中的智慧种种

幽默家运用思想和观念，就像高尔夫球或弹子戏的冠军运用他们的球，或牧童冠军运用他们的缰绳一样。他们的手法，有一种因熟练而产生的从容，有着把握和轻快的技巧。总之，只有那个能轻快地运用他的观念的人，才是他的观念主宰，只有那个能做他的观念主宰的人，才不被观念所奴役。

——林语堂《论幽默感》

林语堂的文字，或喜或怒，或笑或骂，大都是幽默和随和的。他不像鲁迅，是一把锋利的匕首，虽同是调侃风格，却能刺得人流血。林语堂永远是微笑着的，他觉得，唯有幽默，方是人生的真智慧，唯有幽默，才可以让人“随心所欲，不逾矩”。

人们可运用幽默来增强活力，从幽默中汲取力量来应付任何困境，摆脱种种烦恼。一个不懂幽默的人，就不懂调节情绪的方法，他所遇到的困难也就越多，他的情绪也最容易消沉。因此，面对困难重重的人生，我们必须学会和训练自己的幽默感。

当英国科学家法拉第向人们展示他创造的世界上第一台电动机模型时，人们看到的只是一个类似玩具的小装置。有个贵妇人不以为然地对法拉第说："先生，您这个玩意儿有什么用呢?"法拉第幽默地反问道："夫人，新生的婴儿又有什么用呢?"

幽默就是在关键时刻避免正面的冲突并揭示问题，以积极向上的态度、以乐观的情绪、以迂回的方式去面对困境。如果法拉第正面回答问题，也不一定能得到承认和理解；如果正面对抗，也许会引起怨恨，使沟通和交流中断；如果他回避问题，他的理论也就永远无法使别人信赖。但是，他以一种幽默的思考方式去启示对方，让对方以发展、宽容的眼光对待眼前的现实，也增添了自己的勇气和信心。

当然，擅长运用幽默的人，总是技艺娴熟者。当遇到问题时，往往能急中生智，化解困境，或者从危险的境地中脱身，创造性地、完善地解决问题。凡是具有较高情商的人，都善于用幽默来应付紧急情况。

有一天，德国大诗人歌德在公园里散步，正巧在一条狭窄的小路上碰上一位反对他的批评家，那位傲慢无礼的批评家对歌德说："你知道吗，我这个人是从来不给傻瓜让路的。"机智敏捷的歌德满面笑容地回答说："而我却恰恰相反。"说完闪身让路，让批评家过去。

歌德的这一应付的方式，在后世传诵甚广。他运用的幽默战术，犹如中国太极拳中的以柔克刚。

有一条狗疯狂地向一个农夫扑去，农夫忍无可忍，用粪叉打死了那条狗。狗的主人告到法院，要农夫赔偿损失。

法官说："你要是把叉子倒过来，用没有尖刺的那一头，不就没有这事儿了吗?"农夫回答说："您说得对，法官先生，要是那狗倒着向我扑过来，我会那样做的!"农夫被宣判无罪。

这些都是运用幽默战术应付紧急情况的杰作。也就是说，当你遇到急迫而又棘手的问题时，即可以随机应变，以一句幽默的话使自己立于不败之地，也突显出自己的人格魅力。

幽默还有一个附加的大好处，就是有足够的力量使人思想乐观、心情愉快、消除疲劳。

有一天，著名诗人海涅正在伏案创作，突然，有人敲门，原来是仆人送来一件邮包。寄件人是海涅的朋友梅厄先生。海涅因紧张的写作而感到有些疲倦，又因被人打断写作思路而显得很不高兴。他不耐烦地打开邮包，里面包着层层纸张。他撕了一层又一层，终于拿出一张小小的纸条。小纸条上写着短短的几句话："亲爱的海涅，我健康而且快活。在此，衷心地向你致以问候。你的梅厄。"

尽管海涅感到不耐烦，但是这个玩笑却逗得他十分快乐，疲倦感即刻消失。他调整情绪后，决定对他的朋友也开一个玩笑。

几天后，梅厄先生便收到了海涅的一个重重的包裹，打开一看，里面竟然是一块石头，还有一张便笺："亲爱的梅厄先生，看到你的信后，我心中的这块石头才算落地。现在，我把它寄给你，以纪念我对你的爱。"

这就是幽默，而不是扮丑取乐，它不掺杂一丝低劣，一丝庸俗，而是令人开怀，令人感觉即使被愚弄了，可还是美好的。并且，在另一方面，幽默家沉浸于突然触发的常识或机智，它们以闪电般的速度显示我们的观念与现实的矛盾。这样使许多问题变得简单。不断地和现实相接触，给了幽默家不少的活力、轻快和机巧。一切装腔作势、虚伪，学识上的胡诌、学术上的愚蠢和社交上的欺诈，将完全扫除净尽。因为人类变得有机巧有机智了，所以也显得更有智慧，一切也都简单清楚了。所以只有当幽默的思维方式普遍盛行时，那种以生活和思维的简朴为特性的健全而合理的精神才会实现。